Gehörgefährdung des Publikums
bei Veranstaltungen

D1719390

Gehörgefährdung des Publikums bei Veranstaltungen
Kommentar zu DIN 15905-5

Michael Ebner
Joachim Knoll

1. Auflage 2009

Herausgeber:
DIN Deutsches Institut für Normung e. V.

Beuth Verlag GmbH · Berlin · Wien · Zürich

Herausgeber: DIN Deutsches Institut für Normung e. V.

© 2009 Beuth Verlag GmbH
Berlin · Wien · Zürich
Burggrafenstraße 6
10787 Berlin

Telefon: +49 30 2601-0
Telefax: +49 30 2601-1260
Internet: www.beuth.de
E-Mail: info@beuth.de

Titelbild: Michael Ebner
Satz: B & B Fachübersetzergesellschaft mbH
Druck: ott-druck gmbh, Berlin
Gedruckt auf säurefreiem, alterungsbeständigem Papier nach DIN 6738

ISBN 978-3-410-16722-8

Vorwort

Schwerhörigkeit durch überlaute Musik, vor allem in Discotheken, aber auch bei Großveranstaltungen, ist seit vielen Jahren ein Thema in HNO-Praxen für die Betroffenen und auch in der Gesundheitspolitik. Denn Schwerhörigkeit insbesondere bei Jugendlichen nimmt besorgniserregend zu! Nach Schätzungen der Bundeszentrale für gesundheitliche Aufklärung (BZgA) leidet bereits ein Viertel aller 16- bis 24-Jährigen an Hörschäden. Dass schon jeder vierte Jugendliche schwerhörig sei, bestätigen auch die Bundesärztekammer und die Deutsche Gesellschaft für Akustik. Diese Fakten verlangen nach wirksamen Gegenmaßnahmen.

Die Gesundheitsministerkonferenz verständigte sich im Sommer 2005 auf das Ziel, den mittleren Schallpegel in Discotheken von damals ermittelten 110 dB(A) – dies entspricht einer laufenden Steinsäge in 1 Meter Entfernung – bei z. T. deutlich höheren Spitzenwerten auf unter 100 dB(A) zu reduzieren.

Dabei setzten die Länder zuallererst auf Maßnahmen der Aufklärung, der Information und auf freiwillige Vereinbarungen. So wurde eine bundesweite Kooperation zwischen den Gesundheitsbehörden der Länder und dem Bundesverband Deutscher Discotheken und Tanzbetriebe e. V. (BDT) im Deutschen Hotel- und Gaststättenverband (DEHOGA) geschlossen.

Resultat dieser Kooperation ist u. a. die Durchführung des Seminars „DJ-Führerschein". Bis Ende 2008 wurden bundesweit 23 Seminare durchgeführt, an denen rund 2 300 Discjockeys teilnahmen. Sie als – auch im Wortsinne – entscheidende Zielgruppe für das Thema Gehörgefährdung durch laute Musik zu sensibilisieren und für die eigenverantwortlich freiwillige Vermeidung überlauter Musik insbesondere in Discotheken zu gewinnen, ist das Ziel.

Ein weiterer Baustein für die Umsetzung vor Ort ist die Installation von Schallpegelmessgeräten in Discotheken, so dass die Pegelanzeige für die DJs jederzeit sichtbar ist.

Angesichts dieser Zielsetzungen und Aktivitäten ist es wenig überraschend, dass die Länder die Überarbeitung der DIN 15905-5 „Veranstaltungstechnik – Tontechnik" – Teil 5 „Maßnahmen zur Vermeidung einer Gehörgefährdung des Publikums durch hohe Schallemissionen elektroakustischer Beschallungstechnik" bei ihrer Veröffentlichung im November 2007 nachdrücklich begrüßt haben. Diese Überarbeitung nimmt Discotheken in die Aufzählung einschlägiger Veranstaltungsstätten auf und verdeutlicht ihre Verbindlichkeit auch für diese Einrichtungen.

Die Amtschefkonferenz der Gesundheitsministerkonferenz beschloss im Mai 2008, dass bezüglich der oberen Belastungsgrenze länderübergreifend als einheitlicher Beurteilungsmaßstab der maximale mittlere Schallpegel von 99 dB(A) gemäß DIN 15905-5 angesehen werden kann.

Ein Rückgang der Besucherzahlen bei Großveranstaltungen und in Discotheken ist nach Auffassung der Gesundheitsministerkonferenz infolge der Reduzierung übermäßiger Schallpegel nicht ernstlich zu befürchten. Eher im Gegenteil: Umfragen zeigen, dass viele Gäste eine Verminderung der Lautstärke der Musik nicht nur akzeptieren würden, sondern sich sogar wünschen.

Insgesamt kann kein Zweifel bestehen – die Neufassung der DIN-Norm ist gesundheitspolitisch sinnvoll, sie dient der Hörgesundheit von Besuchern von Großveranstaltungen und Discotheken.

Wo Gesundheitsgefährdungen für den Einzelnen schwer abschätzbar und erkennbar sind, bedarf es eindeutiger Schutzregeln, deren Einhaltung auch kontrollierbar ist. Diesem Maßstab wird die hier kommentierte Norm aus Sicht der für Gesundheit zuständigen Ministerinnen und Minister, Senatorinnen und Senatoren gerecht.

Kiel, Dezember 2008

Dr. Gitta Trauernicht

Ministerin für Soziales, Gesundheit, Familie, Jugend und Senioren des Landes Schleswig-Holstein

Amtierende Vorsitzende der Gesundheitsministerkonferenz der Länder (GMK)

Autoren

Michael Ebner, geboren 1969, ist seit 1989 in der Veranstaltungsbranche. Nach seinem Studium, das er 1996 als Dipl.-Ing. (FH) der
Theater- und Veranstaltungstechnik abschloss, ist er als freiberuf-
licher Veranstaltungstechniker tätig.

Michael Ebner hat zahlreiche Bücher verfasst (darunter „Sicherheit
in der Veranstaltungstechnik") und betreibt seit 2001 das PA-Forum
(Internetforum für Veranstaltungstechnik). Mit seiner Firma dBmess
ist er auf Schallpegelmessungen nach DIN 15905-5 spezialisiert.

Joachim Knoll, (Jahrgang 1948)

Bild- und Tontechnik (SRT)

seit 1977 in der Veranstaltungsbranche im Bereich Tontechnik und
Gebäudemanagement tätig

Langjähriger Mitarbeiter und Obmann im Deutschen Institut für Normung e. V., (DIN)

Normenausschuss Veranstaltungstechnik, Bild und Film (NVBF).

Mitarbeit DIN 15905-5

(Mitautor Tagungsstätten nach DIN 15906)

Beiträge von:

Bertram Bittel, Direktor Technik und Produktion des SWR

Werner Grabinger, Leiter HF-AU, Baden-Baden

Martin Hortig, Rechtsanwalt, Berlin

Mike Keller, Event Director Color Line Arena, Hamburg

Dr. Rainueg Pippig, Landesamt für Arbeitsschutz, Potsdam

Andreas Stiewe, Technischer Leiter Metronom-Theater, Oberhausen

Dr. Gitta Trauernicht, Ministerin für Soziales, Gesundheit, Familie,
Jugend und Senioren des Landes Schleswig-Holstein, Amtierende
Vorsitzende der Gesundheitsministerkonferenz der Länder (GMK)

Inhaltsverzeichnis

Einführung

von Dr. Rainulf Pippig

Hörschall hoher Intensität kann schnell zu einer Überbeanspruchung des menschlichen Gehörs führen. Sie äußert sich zunächst in einer vorübergehenden (reversiblen) Verschlechterung des Hörvermögens. Mittels Audiometrie kann diese Gehörermüdung als temporäre Hörschwellenverschiebung nachgewiesen werden. In Abhängigkeit von Häufigkeit, Schallintensität und Einwirkungsdauer kann es früher oder später zu einer bleibenden (irreversiblen) Verschlechterung des Hörvermögens kommen. Diese Hörminderung wird von den Betroffenen zunächst gar nicht bemerkt, weil sie sich ohne Schmerzen einschleicht. Nach mehrjähriger und häufig sehr hoher Schallbelastung kann sich eine Hörminderung derart ausprägen, dass von einem Hörschaden gesprochen wird, der von den Betroffenen dann auch selbst wahrgenommen wird. Da Hörschall, der zu Störungen, Belästigungen, Beeinträchtigungen oder Schäden führen kann, auch als Lärmschall oder einfach als Lärm bezeichnet wird (siehe DIN 1320), wird diese Sinneseinschränkung ihrer Ursache entsprechend als Lärmschwerhörigkeit bezeichnet.

Die Lärmschwerhörigkeit ist insbesondere als häufigste Berufskrankheit bekannt. Bereits vor mehr als 30 Jahren konnte der Zusammenhang zwischen schrittweiser Ausbildung einer Lärmschwerhörigkeit und (berufsbedingter) Lärmbelastung mit einem Dosis-Wirkungs-Modell statistisch beschrieben werden. Dieser Sachverhalt wurde in der Erstausgabe der Norm ISO 1999 im Jahre 1975 niedergelegt. Infolgedessen wurden die Arbeitsschutzvorschriften neu gefasst und die Lärmeinwirkung durch die Festlegung einer maximal zulässigen arbeitstäglichen Lärmdosis begrenzt.

Eine Schalldosis ist durch Schallintensität und Einwirkungsdauer festgelegt. Die Schalldosis bleibt gleich, wenn bei höherer Intensität die Einwirkungsdauer entsprechend verkürzt wird. Die zulässige arbeitstägliche Lärmdosis wurde so festgelegt, dass nur mit sehr geringer Wahrscheinlichkeit – selbst nach 40 Jahren Lärmarbeit – mit der Ausbildung einer Lärmschwerhörigkeit gerechnet werden muss. Dabei wurde davon ausgegangen, dass für die Gehörerholung während der Freizeit ausreichend Zeit in ruhiger Umgebung verbracht wird (siehe VDI 2058 Blatt 2). Zur Beschreibung der Lärmdosis wurde der (personengebundene) A-bewertete Beurteilungspegel mit Bezug auf eine Arbeitsschichtdauer von 8 Stunden definiert. Der Wert dieses Beurteilungspegels durfte 85 dB nicht erreichen oder überschreiten. Die Lärm- und Vibrations-Arbeitsschutzverordnung

(LärmVibrationsArbSchV) verwendet den Tages-Lärmexpositionspegel $L_{EX,8h}$, der inhaltlich dem Beurteilungspegel entspricht und dessen Verwendung seit dem 9. März 2007 verbindlich ist.

Aufgrund der seit 1975 erlassenen Arbeitsschutzvorschriften wurden in den Unternehmen mit großem Aufwand Lärmminderungs- und weitere Präventionsmaßnahmen durchgeführt, die zu einer deutlichen Verringerung der Häufigkeit berufsbedingter Lärmschwerhörigkeit führten. Der technische Fortschritt verbesserte die Lärmminderungstechnik und -planung und führte zu geringerer Lärmemission der Maschinen.

Durch den technischen Fortschritt wurde auch die Tontechnik maßgeblich beeinflusst. Insbesondere die Leistungsfähigkeit und Verfügbarkeit der Beschallungsanlagen wurden deutlich gesteigert. Die tragbaren Musikabspielgeräte entwickelten sich vom Radiorecorder über den Walkman® bis zum überall gewärtigen MP3-Player. Kostengünstig sind für Menschen jeden Alters kleinste Ohrhörer verfügbar, die den Gehörgang mit sehr hohen Schallintensitäten versorgen können.

Vor diesem Hintergrund wird verständlich, dass schon lange nicht mehr davon ausgegangen werden kann, dass sich unser Gehör in der Freizeit ausreichend erholt. Beschäftigte müssen vor der Tätigkeitsaufnahme in Lärmbereichen über die gehörschädigende Wirkung von Lärm hoher Intensität und Dauer und zu ergreifende Schutzmaßnahmen in Unterweisungen informiert werden. Besucher von Live-Konzerten oder Discotheken und Nutzer von MP3-Playern kennen jedoch so gut wie nie die Schallintensität, mit der sie ihr Gehör belasten. Aber auch diese Information würde ihnen nur selten helfen, da sie nicht die Zeitdauer bis zur Überbeanspruchung ihres Gehörs abschätzen könnten. Erst Ohrgeräusche oder zeitweises Taubheitsgefühl könnten ihnen eventuell zu Erkenntnis und Einsicht verhelfen.

Seit Beginn der 1990er-Jahre wird regelmäßig auf Veranstaltungen zum Thema „Umwelt und Gesundheit" berichtet, dass zunehmend bereits bei jungen Menschen deutliche Hörminderungen festgestellt werden, die nicht berufsbedingt sein können und folglich der gestiegenen Belastung durch Freizeitlärm zugeschrieben werden müssen. Zunächst stand vor allen Dingen die Lärmbelastung durch Discotheken und Live-Konzerte im Fokus. Bereits 1989 wurde mit DIN 15905-5 versucht, die Lärmbelastung durch Veranstaltungen mit „Lautsprecherwiedergabe" zu begrenzen.

Auch die Lärmbelastung durch tragbare Musikgeräte und deren Einfluss auf das Hörvermögen werden seit längerer Zeit beobachtet. Im Oktober 2008 wurde hierzu ein Gutachten des Wissenschaftlichen

Ausschusses „Neu auftretende und neu identifizierte Gesundheits-risiken" (SCENIHR) von der Europäischen Kommission bekannt gemacht (http://ec.europa.eu/health/opinions/de/gehoerverlust-mp3-player/index.htm). Die für Verbraucherschutz zuständige EU-Kommissarin sagte hierzu, dass die wissenschaftliche Untersuchung eindeutig belegt, dass hier ein Risiko besteht, auf das schnell reagiert werden muss. Innerhalb der EU benutzen schätzungsweise 50 bis 100 Millionen Menschen jeden Tag tragbare Musikgeräte.

Im Zusammenhang mit der Neufassung von DIN 15905-5 stellte sich die Frage, wie durch sinnvolle Regeln der Technik das Risiko für bleibende Hörminderungen reduziert werden kann. Eine lärmbedingte permanente Hörminderung kann mit hoher Sicherheit vermieden werden, wenn die (zulässige) Tages-Lärmdosis von 3 640 Pa²s (entspricht 8 Stunden bei 85 dB) und die (zulässige) Wochen-Lärmdosis von 18 200 Pa²s (entspricht 40 Stunden bei 85 dB) nicht überschritten werden. Wie oben angeführt, ist das Risiko für eine bleibende Hörminderung von der Lärmdosis abhängig. Das Schadensrisiko kann also sowohl über die Schallintensität als auch deren Einwirkungsdauer beeinflusst werden.

Das Problem besteht darin, dass Veranstalter und Betreiber von Beschallungsanlagen im Wesentlichen nur Einfluss auf die Schallintensität nehmen können. Zur Höhe der Hörschallpegel bzw. zur Lautstärke hat das Publikum sehr unterschiedliche Erwartungen. Liegen die (erwünschten) Hörschallpegel im Mittel oberhalb von 85 dB, trägt diese Lärmexposition maßgeblich zur Lärmdosis bei. Die Besucher bestimmen die Lärmdosis in diesen Fällen durch ihre Aufenthaltsdauer selbst. Ein ausreichender Schutz des Gehörs kann auch nicht durch Begrenzung der Lärmdosis je Veranstaltung gewährleistet werden, da den Besuchern in der Regel keine Vorschriften gemacht werden können, wie viele Veranstaltungen sie wöchentlich besuchen. Es ist also nicht sachgerecht, den Veranstaltern und Betreibern von Beschallungsanlagen die volle Verantwortung für den Schutz des Publikums vor Gehörschäden aufzubürden. Dieses Schutzziel kann immer nur durch Mitwirkung der Besucher erreicht werden. Für den Besucher besteht also eine Mitverantwortung, über die die Veranstalter das Publikum aufklären müssen. Da die Gefährdung von den entsprechenden Veranstaltungen ausgeht, ist es den Veranstaltern auf der Grundlage der allgemeinen Verkehrssicherungspflicht zuzumuten, die Besucher über die bestehende Gefährdung und sachgerechtes Verhalten zu informieren. Dieser Ansatz wird mit der Neufassung von DIN 15905-5 berücksichtigt.

Bei einem A-bewerteten Dauerschallpegel von 99 dB wird die o. g. Wochen-Lärmdosis bereits nach 96 Minuten erreicht. Bei einer Pegelerhöhung um 3 dB müsste die Aufenthaltsdauer halbiert werden, um die Lärmdosis konstant zu halten. Es wird deutlich, dass durch Begrenzung des Dauerschallpegels das Risiko für das Gehör entscheidend beeinflusst werden kann. Für die sinnvolle Begrenzung des Dauerschallpegels liegen seit langem ausgewogene Argumentationen vor, die von Medizinern, Technikern und Wirkungsforschern gleichermaßen getragen werden. Die gesellschaftliche Akzeptanz einer Begrenzung der Dauerschallpegel wird u. a. von den Hörgewohnheiten bestimmt. Untersuchungen der Musikhörbedürfnisse junger Menschen hatten zum Ergebnis, dass die Begrenzung der Dauerschallpegel auf 95 dB bei den meisten nicht zu einer Verringerung der Akzeptanz von Musikveranstaltungen führen würde. Nur bei Musikveranstaltungen spezifischer Stilrichtungen stuft ein kleiner Anteil der Besucher Dauerschallpegel von 100 dB als nicht ausreichend ein.

In Kenntnis dieser Zusammenhänge fasste die Gesundheitsministerkonferenz 2005 einen Beschluss zu „Maßnahmen zur Verhinderung von Gehörschäden durch Musikveranstaltungen einschließlich Discothekenlärm". Darin wurde nun auch der politische Wille zum Ausdruck gebracht, „... die Lärmbelastung bei Veranstaltungen allgemein und bei Musikveranstaltungen einschließlich Discotheken auf unter 100 dB(A) im lautesten Bereich zu senken". Nicht zuletzt dieses politische Signal führte dazu, im Konsens aller beteiligten Seiten als Richtwert 99 dB für den Beurteilungspegel gemäß Definition von DIN 15905-5 festzulegen.

Die Neufassung von DIN 15905-5 gibt erstmals Hinweise dafür, wie der Verkehrssicherungspflicht in Bezug auf eine Gehörgefährdung beim Betreiben von elektroakustischer Beschallungstechnik nachgekommen werden kann. In Abhängigkeit von den zu erwartenden Beurteilungspegeln sind Maßnahmen zu ergreifen. Dabei steht die Information des Publikums im Vordergrund, um den Besuchern die sachgerechte Wahrnehmung ihrer Eigenverantwortung zu ermöglichen. Alle Maßnahmen sind an dem für das Publikum erreichbaren Ort auszurichten, für den die höchste Lärmbelastung besteht. Um DIN 15905-5 zu entsprechen, darf an diesem Ort weder der C-bewertete Spitzenschalldruckpegel 135 dB noch der A-bewertete Beurteilungspegel 99 dB überschreiten.

Als Regel der Technik für das sachgerechte Betreiben von elektroakustischer Beschallungstechnik wird DIN 15905-5 zur Rechtssicherheit beitragen. Diese Norm ist jedoch auch zur Einbindung in Verträge, Erlaubnisse oder Genehmigungen geeignet. Damit könnte dem Schutzziel dieser Regel der Technik eine höhere Verbindlichkeit verschafft werden.

Sofern die Lärmexposition von Beschäftigten durch elektroakustische Beschallungsanlagen bestimmt wird und einen der oberen Auslösewerte der LärmVibrationsArbSchV überschreitet, kann DIN 15905-5 ebenfalls eine zusätzliche Verbindlichkeit erlangen. Bei Überschreitung einer der oberen Auslösewerte fordert die LärmVibrationsArbSchV vom Arbeitgeber, ein Programm technischer und organisatorischer Maßnahmen zur Verringerung der Lärmexposition auszuarbeiten und durchzuführen. Dabei ist die Lärmemission zuerst am Entstehungsort zu verringern. Soweit die betreffende Beschallungstechnik nicht nach der Regel der Technik betrieben wird, kommt die Einhaltung von DIN 15905-5 in Betracht.

1 Kommentar

DIN 15905-5

Veranstaltungstechnik – Tontechnik –
Teil 5: Maßnahmen zum Vermeiden einer Gehörgefährdung des Publikums durch hohe Schallemissionen elektroakustischer Beschallungstechnik

Event-Technology – Sound Engineering –
Part 5: Measures to prevent the risk of hearing loss of the audience by high sound exposure of electroacoustic sound systems

Organisation de manifestation – Sonorisation –
Partie 5: Mésures de prévention des risques auditifs chez les spectateurs soumis à des sons aigus émis par le matériel de sonorisation électroacoustique

Inhalt

A.2   Fest installierte Beschallungsanlage für den Live-Betrieb

A.3   Wechselnde Beschallungsanlagen

A.4   Fest installierte Beschallungsanlage zur Wiedergabe von Tonträgern

Anhang B (informativ)

Anhang C (informativ) Ermittlung der relativen Schalldosis

Anhang D (informativ) Messprotokoll

Literaturhinweise

Vorwort

Diese Norm wurde vom Normenausschuss Veranstaltungstechnik – Bühne, Beleuchtung und Ton (NVT) im DIN im Arbeitsausschuss NVT 5 „Beschallung und Kommunikation in der Veranstaltungstechnik" erarbeitet.

DIN 15905 Veranstaltungstechnik – Tontechnik besteht aus:

- Teil 1: Anforderungen bei Eigen-, Co- und Fremdproduktionen
- Teil 2: Leitungen für tontechnische und videotechnische Nutzung – Anforderungen
- Teil 5: Maßnahmen zum Vermeiden einer Gehörgefährdung des Publikums durch hohe Schallemissionen elektroakustischer Beschallungstechnik

Die Teile 3 (Tonregieräume) und 4 (Elektrische Kenndaten für Tonregieanlagen in Tonregieräumen) sind zwischenzeitlich zurückgezogen worden.

Änderungen

Gegenüber DIN 15905-5:1989-10 wurden folgende Änderungen vorgenommen:

a) Es werden Hinweise gegeben, wie der Verkehrssicherungspflicht in Bezug auf eine Gehörgefährdung durch Schallemissionen elektroakustischer Beschallungstechnik in Abhängigkeit der zu erwartenden Schallexposition nachgekommen werden kann.

b) Schutzmaßnahmen und Informationen über die Gefährdung des Gehörs werden angegeben.

c) Die Anzahl der Definitionen von Begriffen wurde erweitert.

d) In den informativen Anhängen gibt es Beispiele für verschiedene Arten von Veranstaltungen, für Informationen des Publikums und den Einsatz optischer Anzeigen für das Publikum.

Frühere Ausgaben

DIN 15905-5: 1989-10

Konkret hat sich insbesondere das Folgende geändert:

- Es wurde von einer Dosis- auf eine Pegelbeschränkung umgestellt: Die Länge der Veranstaltung spielt nun keine Rolle mehr. Dies ist insbesondere für lang andauernde Veranstaltungen (Discos, Festivals etc.) eine wesentliche Erleichterung.

- Neben dem Richtwert für den A-bewerteten energieäquivalenten Dauerdruckpegel gibt es nun zusätzlich einen Richtwert für den C-bewerteten Spitzenschalldruckpegel.

- Das Messverfahren wurde deutlich vereinfacht. (Oktavgemittelte Korrekturwerte sind nicht mehr erforderlich, eine einkanalige Messung reicht nun aus.)

- Der Adressat der Verkehrssicherungspflicht ist nun gehalten, das Publikum über eine mögliche Gehörgefährdung zu informieren und gegebenenfalls Gehörschutzmittel zur Verfügung zu stellen.

1 Anwendungsbereich

In der Norm werden Verfahren zur Messung und Bewertung der Schallimmission bei elektroakustischer Beschallungstechnik mit dem Ziel der Reduzierung einer Gehörgefährdung des anwesenden Publikums dargestellt.

Die Norm enthält Festlegungen zum Erkennen einer tatsächlichen oder einer sich während der Darbietung abzeichnenden Überschreitung der in dieser Norm aufgeführten Richtwerte für die Beurteilungspegel, um bereits während einer Veranstaltung notwendige Maßnahmen ergreifen zu können.

Die Norm gibt Hinweise, wie der Verkehrssicherungspflicht in Bezug auf eine Gehörgefährdung durch Schallemissionen elektroakustischer Beschallungstechnik in Abhängigkeit der zu erwartenden Schallexposition nachgekommen werden kann.

Die Norm gilt für elektroakustische Beschallungstechnik in Veranstaltungsstätten oder in Veranstaltungsorten, im Freien oder in Gebäuden. Im Sinne dieser Norm sind das für das Publikum zugängliche Bereiche z. B. in Diskotheken, Filmtheatern, Konzertsälen, Mehrzweck- und Messehallen, Räumen für Shows, Events, Kabaretts und Varietés, Studios für Hörfunk und Fernsehen, Theatern sowie in Verbindung mit Spiel- und Szenenflächen in Freilichtbühnen, Open-Air-Veranstaltungen und bei Festumzügen oder Stadtfesten.

Die Norm gilt nicht für

- Lautsprecherdurchsagen im Gefahren- und Katastrophenfall;
- die Anwendung von Pyrotechnik, sofern sie nicht im zeitlichen Zusammenhang mit dem Einsatz der Beschallungsanlage für die Nutzschallübertragung während der Veranstaltung steht, und
- Geräusche, die durch das Publikum verursacht werden.

ANMERKUNG Die Norm gilt nicht für den Schutz der in den oben genannten Räumen beruflich tätigen Personen.

Nach derzeitiger deutscher Rechtslage sind der Veranstalter sowie der Betreiber der betreffenden Versammlungsstätte für die jeweilige Veranstaltung verkehrssicherungspflichtig. Dazu heißt es in einem Urteil des Bundesgerichtshofs (VI ZR 142/00):

Wie jeder, der eine Gefahrenquelle für andere eröffnet, hat auch der Veranstalter einer Musikdarbietung grundsätzlich selbständig zu prüfen, ob und welche Sicherungsmaßnahmen zur Vermeidung von Schädigungen der Zuhörer notwendig sind; er hat die erforderlichen Maßnahmen eigenverantwortlich zu treffen, auch wenn gesetzliche oder andere Anordnungen, Unfallverhütungsvorschriften oder technische Regeln wie DIN-Normen seine Sorgfaltspflichten durch Bestimmungen über Sicherheitsmaßnahmen konkretisieren.

Die Verpflichtung, die Zuhörer vor Schädigungen (nicht nur des Gehörs) zu schützen, ergibt sich nicht aus einer DIN-Norm, sondern aus der Rechtslage. Gäbe es DIN 15905-5 nicht, dann müssten die Adressaten der Verkehrssicherungspflicht die erforderlichen Maßnahmen gänzlich eigenverantwortlich treffen. Sie würden diese Maßnahmen jedoch nicht willkürlich treffen können, sondern müssten dabei den Stand der gesicherten wissenschaftlichen Erkenntnis berücksichtigen. Im Falle eines Schadensersatzprozesses hätte dann das betreffende Gericht gegebenenfalls feststellen können, dass die aktuellen wissenschaftlichen Erkenntnisse nicht oder nicht ausreichend berücksichtigt worden sind und somit der Verkehrssicherungspflicht nicht hinreichend nachgekommen wurde. Daraus würde dann eine entsprechende Schadensersatzpflicht erwachsen.

Die Adressaten der Verkehrssicherungspflicht haben jedoch anderes zu tun, als den Stand der wissenschaftlichen Erkenntnis zu verfolgen. Diese haben nun die Möglichkeit, sich an bestehenden Normen zu orientieren. Die Normen entfalten eine sogenannte Vermutungswirkung, anerkannte Regeln der Technik zu sein. DIN 15905-5 dient also vor allem der Rechtssicherheit der in diesem Punkt Verkehrssicherungspflichtigen. Dazu führt der Bundesgerichtshof (wieder VI ZR 142/00) aus:

Solche Bestimmungen enthalten im Allgemeinen keine abschließenden Verhaltensanforderungen gegenüber den Schutzgütern. Sie können aber regelmäßig zur Feststellung von Inhalt und Umfang bestehender Verkehrssicherungspflichten herangezogen werden. Das gilt insbesondere auch für die auf freiwillige Beachtung ausgerichteten Empfehlungen in DIN-Normen des Deutschen Instituts für Normung e. V. Diese spiegeln den Stand der für die betreffenden Kreise geltenden anerkannten Regeln der Technik wider und sind somit zur Bestimmung des nach der Verkehrsauffassung zur Sicherheit Gebotenen in besonderer Weise geeignet.

Der Anwendungsbereich der Norm – darauf weist schon der Titel hin – ist die elektroakustische Beschallungstechnik. Bei der vorhergehenden Ausgabe der Norm war es – verursacht durch den damaligen Titel („Tontechnik in Theatern und Mehrzweckhallen") – zu einer gewissen Unsicherheit der Rechtsprechung über die Grenzen des Anwendungsbereichs gekommen. So wollte der Bundesgerichtshof mittels eines Gutachters geklärt haben, ob diese Norm (also die damals geltende Fassung) auch in einem Zelt anzuwenden sei.

Um solche Unsicherheiten zu vermeiden, sind nun etliche Beispiele aufgezählt worden, was zum Anwendungsbereich dieser Norm gehört. Diese Liste ist nicht abschließend. Letztlich ist DIN 15905-5 fast überall dort anzuwenden, wo elektroakustische Beschallungsanlagen und Menschenansammlungen zusammenkommen.

Für die in der Praxis immer wieder nachgefragten Grenzfälle gilt Folgendes:

– Räume, die dem Gottesdienst gewidmet sind: In Anlehnung an die Versammlungsstättenverordnung: Solange die Veranstaltung den Widmungszweck nicht verlässt (also Gottesdienste und ähnliche liturgisch geprägte Veranstaltungen), braucht DIN 15905-5 nicht angewandt zu werden. Gottesdienste sind in den letzten Jahrhunderten nicht durch ein signifikantes Risiko der Gehörgefährdung aufgefallen. Anders sieht es aus, wenn Kirchen für andere Veranstaltungen wie beispielsweise Konzerte oder Musicals genutzt werden. Wird hier elektroakustische Beschallungstechnik eingesetzt, dann ist DIN 15905-5 anzuwenden, auch wenn sich diese Veranstaltungen inhaltlich an religiösen Themen orientieren oder der Pfarrer vorweg ein Gebet spricht.

– Beschallung im Rahmen politischer Kundgebungen und Demonstrationen: Sie sind wie Open-Air-Veranstaltungen und Festumzüge zu bewerten, DIN 15905-5 ist demnach anzuwenden.

– Beschallung an Schulen: Ebenfalls in Anlehnung an die Versammlungsstättenverordnung: Lautsprecherwiedergabe im Rahmen des regulären Unterrichts bedarf keiner Maßnahmen, bei Konzerten, Aufführungen von Schultheatern, Jahrgangsfeiern und entsprechenden Veranstaltungen ist DIN 15905-5 anzuwenden.

– Beschallung im Rahmen von Produktpräsentationen, auch auf Messen und in Einkaufszentren: DIN 15905-5 ist anzuwenden.

Für Lautsprecherdurchsagen im Gefahren- und Katastrophenfall ist DIN 15905-5 nicht anzuwenden. Gefahren- und Katastrophenfälle sind so selten, dass die damit verbundenen Lautsprecherdurchsagen kein relevantes Risiko darstellen. Hier hat die Verständlichkeit der Durchsage Priorität.

Solange Pyrotechnik ohne gleichzeitige Lautsprecherwiedergabe stattfindet, fällt sie nicht in den Regelungsbereich von DIN 15905-5. Pyrotechnik verursacht primär Impulsschall, während DIN 15905-5 primär den Dauerschalldruckpegel begrenzt. Außerdem ist Pyrotechnik keine elektroakustische Beschallungstechnik. Veranstalter und Betreiber der Versammlungsstätte haben sich zur Wahrnehmung ihrer Verkehrssicherungspflicht am Stand der gesicherten wissenschaftlichen Erkenntnis zu orientieren.

Pyrotechnik wird jedoch häufig gleichzeitig mit Beschallung eingesetzt, sodass eine Mischbelastung entsteht. Diese kann dann nach DIN 15905-5 beurteilt werden.

Geräusche, die durch das Publikum verursacht werden, fallen regelmäßig nicht unter elektroakustische Beschallungstechnik. Sie würden sich von den Verkehrssicherungspflichtigen auch nicht oder nur mit unverhältnismäßigem Aufwand reduzieren lassen. Eine Messung des Schallpegels darf also so durchgeführt werden, dass der Einfluss des Publikums auf die Messung minimiert wird.

Durch das Publikum verursachte Geräusche im Sinne dieser Norm sind Applaus, Buhrufe, Gesang, Pfiffe und Ähnliches. Die elektroakustische Beschallungstechnik wird zwar für das Publikum durchgeführt, aber von diesem nicht verursacht im Sinne dieser Norm.

Der Schutz der Beschäftigten ist im Arbeitsschutzrecht, insbesondere in der Lärm-VibrationsArbeitsschutzverordnung, hinreichend genau geregelt. Dafür ist DIN 15905-5 nicht anzuwenden.

2 Normative Verweisungen

Die folgenden zitierten Dokumente sind für die Anwendung dieses Dokuments erforderlich. Bei datierten Verweisungen gilt nur die in Bezug genommene Ausgabe. Bei undatierten Verweisungen gilt die letzte Ausgabe des in Bezug genommenen Dokuments (einschließlich aller Änderungen).

DIN 45641, *Mittelung von Schallpegeln*

DIN EN 352, *Gehörschützer — Allgemeine Anforderungen*

DIN EN 60942, *Elektroakustik — Schallkalibratoren*

DIN EN 61672-1, *Elektroakustik — Schallpegelmesser — Teil 1: Anforderungen*

DIN EN ISO 3740:2001-03, *Akustik — Bestimmung des Schallleistungspegels von Geräuschquellen — Leitlinien zur Anwendung der Grundnormen*

ISO 1999:1990:01, *Akustik; Bestimmung der berufsbedingten Lärmexposition und Einschätzung der lärmbedingten Hörschädigung*

3 Begriffe

Für die Anwendung dieses Dokuments gelten die folgenden Begriffe.

3.1
A-bewerteter Beurteilungspegel am maßgeblichen Immissionsort
L_{Ar}
A-bewerteter energieäquivalenter Dauerschallpegel am maßgeblichen Immissionsort für die Beurteilungszeit T_r. Bei Messungen am Ersatzimmissionsort ist L_{Ar} unter Berücksichtigung des Korrekturwertes K_1 aus L_{AeqT2} (mit $T_2 = T_R = 30$ Minuten) zu bestimmen:

$$L_{Ar} = L_{AeqT2} + K_1$$

ANMERKUNG Der A-bewertete Beurteilungspegel am maßgeblichen Immissionsort L_{Ar} ist in Dezibel (dB) anzugeben.

Der Index 2 bezieht sich nicht auf die Zeit, sondern auf den Schallpegel. L_{AeqT2} ist der L_{AeqT} an der Position zwei, dem Ersatzimmissionsort. Die Angabe (mit $T_2 = T_R = 30$ Minuten) ist missverständlich.

3.2
A-bewerteter energieäquivalenter Dauerschallpegel am Ersatzimmissionsort

L_{AeqT2}
A-bewerteter Mittelungswert des Schalldruckpegels, der am Ersatzimmissionsort gemessen wird

ANMERKUNG Der A-bewertete energieäquivalente Dauerschallpegel am Ersatzimmissionsort L_{AeqT2} ist in Dezibel (dB) anzugeben.

3.3
A-bewerteter energieäquivalenter Dauerschallpegel am maßgeblichen Immissionsort

L_{AeqT1}
A-bewerteter Mittelungswert des Schalldruckpegels am maßgeblichen Immissionsort

ANMERKUNG Der A-bewertete energieäquivalente Dauerschallpegel am maßgeblichen Immissionsort L_{AeqT1} ist in Dezibel (dB) anzugeben.

Erfolgt die Messung nicht an einem Ersatzimmissionsort, sondern am maßgeblichen Immissionsort selbst, so ist

$$L_{Ar} = L_{AeqT1}$$

3.4
A-bewerteter energieenergieäquivalenter Dauerschallpegel (Mittelungspegel)

L_{AeqT}
energieäquivalent gemittelter Schalldruckpegel über einen definierten Zeitraum (Mittelungszeit, Zeitintervall T)

ANMERKUNG 1 Der A-bewertete energieäquivalente Dauerschallpegel L_{AeqT} ist in Dezibel (dB) anzugeben.

ANMERKUNG 2 Grundsätzlich werden Schallpegel in Dezibel (dB) angegeben. Die Darstellung der A-Bewertung mit dB(A) ist nicht mehr üblich.

ANMERKUNG 3 Die Bestimmung des L_{AeqT} erfolgt nach DIN 45641.

Der L_{AeqT} wird nach der folgenden Formel gebildet:

$$L_{AeqT} = 10 \cdot \lg \left[\frac{1}{T} \int_0^T 10^{\frac{L_A(t)}{10}} \cdot dt \right]$$

3.5
Beurteilungszeit

T_r
Zeitdauer, auf die die Bestimmung des Beurteilungspegels bezogen wird

19

Diese Zeitdauer beträgt im Regelfall 30 Minuten. Sie kann auf 60, 90 oder 120 Minuten ausgedehnt werden.

3.6
C-bewerteter Spitzenschalldruckpegel

L_{Cpeak}

C-bewerteter höchster Momentanwert des Schalldruckpegels innerhalb der Beurteilungszeit

ANMERKUNG Der C-bewertete Spitzenschalldruckpegel L_{Cpeak} ist in Dezibel (dB) anzugeben.

L_{Cpeak} ist zunächst der C-bewertete höchste Momentanwert des Schalldruckpegels an einer nicht näher bestimmten Position. Als Messgröße für den Richtwert von 135 dB ist L_{Cpeak} bei einer Messung am maßgeblichen Immissionsort L_{Cpeak1} und bei einer Messung am Ersatzimmissionsort L_{Cpeak2}.

3.7
C-bewerteter Spitzenschalldruckpegel am Ersatzimmissionsort

L_{Cpeak2}

C-bewerteter höchster Momentanwert des Schalldruckpegels innerhalb einer Beurteilungszeit am Ersatzimmissionsort

ANMERKUNG Der C-bewertete Spitzenschalldruckpegel L_{Cpeak2} ist in Dezibel (dB) anzugeben.

3.8
C-bewerteter Spitzenschalldruckpegel am maßgeblichen Immissionsort

L_{Cpeak1}

C-bewerteter höchster Momentanwert des Schalldruckpegels innerhalb einer Beurteilungszeit am maßgeblichen Immissionsort

ANMERKUNG Der C-bewertete Spitzenschalldruckpegel L_{Cpeak1} ist in Dezibel (dB) anzugeben.

Der Zusammenhang zwischen L_{Cpeak1} und L_{Cpeak2} ist der Folgende:

$$L_{Cpeak1} = L_{Cpeak2} + K_2$$

3.9
elektroakustische Beschallungsanlage

Gesamtheit der elektroakustischen Wandler zur Beschallung des Publikums. Dazu gehören u. a. auch Delay-, Monitor- und Bühnenanlagen.

Der erste Satz ist dahin gehend zu verstehen, dass alle elektroakustischen Wandler, die zur Gesamtimmission des Publikums beitragen,

zur elektroakustischen Beschallungsanlage gehören. Die Zweck-
bestimmung (für das Publikum, für die Künstler oder für Dritte) ist
dabei unerheblich.

Zur Bühnenanlage gehören insbesondere die Instrumentenverstärker und deren Lautsprecher. Diese sind dann elektroakustische
Beschallungsanlage im Sinne dieser Norm, wenn sie zur Gesamtimmission beitragen. Dies ist nicht der Fall, wenn sie in einem eige-
nen Raum stehen.

3.10
Ersatzimmissionsort
für die Beurteilung der Lärmimmission geeigneter Ort, der eine
Messung des Nutzschalldruckpegels ohne verfälschende Störsignale, z. B. durch Publikum, sicherstellt

Ein solcher Ort liegt üblicherweise in der Nähe der Beschallungsanlage.

3.11
Korrekturwert für den A-bewerteten energieäquivalenten Dauer-
schallpegel am Ersatzimmissionsort
K_1
Differenz zwischen dem A-bewerteten energieäquivalenten
Dauerschallpegel am maßgeblichen Immissionsort L_{AeqT1} und
dem A-bewerteten energieäquivalenten Dauerschallpegel am
Ersatzimmissionsort L_{AeqT2}

$$K_1 = L_{AeqT1} - L_{AeqT2}$$

Der Korrekturwert ist im Regelfall ein skalarer Wert. Wird eine frequenzabhängige Korrektur durchgeführt, dann ist der Korrekturwert
ein Frequenzspektrum (zum Beispiel ein Oktav- oder Terzspektrum).

3.12
Korrekturwert für den C-bewerteten Spitzenschalldruckpegel am
Ersatzimmissionsort
K_2
Differenz zwischen dem C-bewerteten Spitzenwert des Schall-
druckpegels am maßgeblichen Immissionsort L_{Cpeak1} und dem
C-bewerteten Spitzenwert am Ersatzimmissionsort L_{Cpeak2}:

$$K_2 = L_{Cpeak1} - L_{Cpeak2}$$

Der Spitzenschalldruckpegel L_{Cpeak1} am maßgeblichen Immissionsort ist unter Berücksichtigung des Korrekturwertes K_2 aus
L_{Cpeak2} zu bestimmen:

$$L_{Cpeak1} = L_{Cpeak2} + K_2$$

Der Korrekturwert ist im Regelfall ein skalarer Wert. Wird eine frequenzabhängige Korrektur durchgeführt, dann ist der Korrekturwert ein Frequenzspektrum (zum Beispiel ein Oktav- oder Terzspektrum).

3.13
maßgeblicher Immissionsort
der für die Beurteilung der Lärmimmission dem Publikum zugängliche Ort, an dem der höchste Wert des Schalldruckpegels ohne verfälschende Störsignale erwartet wird

Verfälschende Störsignale im Sinne dieser Norm wären beispielsweise durch das Publikum erzeugte Geräusche (unter anderem Applaus, Gesang) sowie Geräusche direkt aus Musikinstrumenten (vor allem Schlagzeug).

Der maßgebliche Immissionsort ist somit der dem Publikum zugängliche Ort, an dem der höchste Nutzschall erwartet wird.

3.14
Nutzschall
Anteil am Gesamtschall, der durch die elektroakustische Beschallungsanlage erzeugt wird

3.15
Publikum
Besucher, Zuhörer, Zuschauer
Gesamtheit von Personen, die als Besucher, Zuhörer oder Zuschauer auch bei zeitlich begrenzter Mitwirkung an einer Veranstaltung oder Darbietung teilnehmen

Eine zeitlich begrenzte Mitwirkung macht aus Personen des Publikums keine Akteure, sie bleiben auch dann im Schutzbereich dieser Norm. Durch eine zeitlich begrenzte Mitwirkung kann der maßgebliche Immissionsort auf der Bühne liegen. Gegebenenfalls muss der Verkehrssicherungspflichtige hier zusätzliche Maßnahmen ergreifen, beispielsweise die Absenkung des Schallpegels auf der Bühne, solange Personen aus dem Publikum sich dort aufhalten.

3.16
Schalldruckpegel
L_p
zehnfacher dekadischer Logarithmus des Verhältnisses des quadrierten Schalldruckes zum Quadrat des Bezugsschalldruckes ($p_0 = 20\ \mu Pa$)

[DIN EN ISO 3740:2001-03]

Ebenfalls: zwanzigfacher dekadischer Logarithmus des Verhältnisses des Schalldrucks zum Bezugsschalldruck ($p_0 = 20$ µPa).

4 Richtwerte

Der Richtwert für den Beurteilungspegel L_{Ar} beträgt 99 dB. Dieser Richtwert darf an keinem dem Publikum zugänglichen Ort innerhalb der Beurteilungszeit T_r von 30 Minuten überschritten werden.

Der Richtwert für den Beurteilungspegel L_{Ar} von 99 dB gilt auch als nicht überschritten, wenn die Beurteilungszeit auf maximal 120 Minuten ausgedehnt wird.

Der Richtwert für den Spitzenschalldruckpegel L_{Cpeak} von 135 dB darf in keinem Beurteilungszeitraum überschritten werden.

ANMERKUNG   Der Richtwert von 99 dB folgt u. a. dem Beschluss der Gesundheitsministerkonferenz [2]. Der Richtwert von 135 dB entspricht dem unteren Auslösewert für den Spitzenschalldruckpegel L_{Cpeak} nach Artikel 3 der Richtlinie 2003/10/EG und dient der Vermeidung von akuten Hörschäden.

In der Ausgabe von 1989 erfolgte von DIN 15905-5 eine Beschränkung der Schalldosis, der Beurteilungspegel setzte sich aus einem L_{Aeq} und einem Zeitzuschlag zusammen. Bei einer Veranstaltungsdauer von 2 Stunden durfte der L_{Aeq} 99 dB betragen, bei 4 Stunden 96 dB, bei 8 Stunden nur noch 93 dB. Diese Beschränkung war für lang andauernde Veranstaltungen sehr unpraktikabel. Sie war auch nicht sachgemäß, da es hinreichend unwahrscheinlich ist, dass sich Personen aus dem Publikum über mehrere Stunden hinweg durchgängig an den lautesten Punkten im Publikumsbereich aufhalten.

Mit der Ausgabe vom November 2007 wird das Verfahren auf eine Pegelbeschränkung umgestellt. Messperioden von jeweils 30 Minuten werden unabhängig voneinander betrachtet, die Gesamtdauer der Veranstaltung ist unerheblich. Bei langen Veranstaltungen führt das zu einer höheren Gesamtbelastung im Vergleich zur Ausgabe von 1989. Diese ist jedoch verantwortbar, da zusätzliche Maßnahmen vorgesehen sind, insbesondere muss ab einem Beurteilungspegel L_{Ar} von 95 dB Gehörschutz dem Publikum zur Verfügung gestellt werden.

Bei Veranstaltungen mit einer Dauer unter 2 Stunden würde der Richtwert der Ausgabe von 2007 zu einer Verringerung des zulässigen Pegels im Vergleich zur Ausgabe von 1989 führen: Bei Veranstaltungsdauern unter 2 Stunden ist dort aus dem Zeitzuschlag ein Zeitabschlag geworden, einstündige Veranstaltungen konnten mit einem L_{Aeq} von 102 dB gefahren werden. Für eine solche Verschärfung (zusätzlich zu der Pflicht, Gehörschutz dem Publikum zur Verfügung zu stellen) gibt es keinen sachlichen Anlass. Mit der Möglichkeit, die Beurteilungszeit auf bis zu 120 Minuten auszudehnen, können kurze Veranstaltung mit dem gewohnten Schallpegel durchgeführt werden.

Da der A-bewertete energieäquivalente Dauerschallpegel L_{AeqT} in Messzeiträumen von jeweils vollen halben Stunden zu ermitteln ist (20:00 bis 20:30, 20:30 bis 21:00, 21:00 bis 21:30 etc.), erfolgt durch die Ausdehnung der Beurteilungszeit eine Mittelung über zwei, drei oder vier hintereinanderliegende Halbstundenblöcke, also durch eine Mittelung von 60, 90 oder 120 Minuten.

Auch bei lange andauernden Veranstaltungen ist eine Mittelung über mehrere Halbstundenblöcke möglich und gegebenenfalls auch sinnvoll: Wird in einem einzelnen Halbstundenblock der Beurteilungspegel L_{Ar} von 99 dB überschritten (gezielt aus dramaturgischen Gründen oder unabsichtlich durch eine Unaufmerksamkeit des Tontechnikers), so gilt der Richtwert dennoch als eingehalten, wenn der über einen längeren Zeitraum gemittelte L_{AeqT} unter dem Richtwert liegt.

In Kapitel 6.4 wird gefordert, dass dem Publikum ab einem Beurteilungspegel L_{Ar} von 95 dB das Tragen von bereitgestellten Gehörschutzmitteln zu empfehlen ist. Hier ist jedoch eine Ausdehnung der Beurteilungsdauer nicht vorgesehen.

Während der Richtwert für den Beurteilungspegel L_{Ar} von 99 dB zur Vermeidung eines Langzeit-Gehörschadens vorgesehen ist, ist der Richtwert für den Spitzenschalldruckpegel L_{Cpeak} von 135 dB zur Vermeidung einer sofortigen Schädigung relevant. Dieser Richtwert darf während der gesamten Veranstaltung nie überschritten werden.

Die Einhaltung der Richtwerte ist entweder durch die Verwendung von Beschallungsanlagen geringer Leistung beziehungsweise durch eine limitierte Beschallungsanlage zu gewährleisten oder durch Messung nachzuweisen. Dabei ist es auch möglich, die Einhaltung des einen Richtwerts durch Limitierung zu gewährleisten und die Einhaltung des anderen Richtwerts durch Messung nachzuweisen.

5 Messung und Auswertung

5.1 Allgemeines

Die Messung ist vor Beginn der Veranstaltung zu starten. Die Beurteilungspegel sind für die Beurteilungszeit von jeweils 30 Minuten, beginnend zur vollen und halben Stunde, fortlaufend zu bestimmen.

Im informativen Anhang A sind Beispiele für Messeinrichtungen dargestellt.

Beginn der Veranstaltung im Sinne dieser Regelung ist der Beginn der Gefährdung des Publikums durch die elektroakustische Beschallungsanlage. Sofern beim Einlass des Publikums die Beschallungsanlage noch nicht in Betrieb ist, ist Beginn der Veranstaltung die Inbetriebnahme der Beschallungsanlage. Sofern beim Einlass des Publikums die Beschallungsanlage bereits betrieben wird, ist Beginn der Veranstaltung der Einlass des Publikums.

Die Festlegung auf einen Messbeginn zur vollen und halben Stunde erleichtert die Vergleichbarkeit verschiedener Messungen.

5.2 Messgeräte

Die Messgrößen sind mit einem integrierenden Schallpegelmesser mindestens der Genauigkeitsklasse 2 nach DIN EN 61672-1 zu bestimmen.

Es ist eine kalibrierte Messgerätekette zu verwenden (Kalibrator nach DIN EN 60942).

Da im Regelfall eine Ersatzimmissionsortmessung durchgeführt wird, wird die Messgenauigkeit maßgeblich von der Sorgfalt bei der Festlegung des maßgeblichen Immissionsorts und bei der Ermittlung der Korrekturwerte bestimmt. Die Genauigkeitsklasse des Schallpegelmessers ist demgegenüber von untergeordneter Bedeutung. Die Forderung nach der Genauigkeitsklasse 1 (sogenannte Präzisionsschallpegelmesser) wäre somit übertrieben. Geräte der Genauigkeitsklasse 1 dürfen jedoch verwendet werden.

Die Forderung nach geeichten Schallpegelmessern wird nicht erhoben, da in dem hier relevanten Pegelbereich größere Langzeitveränderungen des Schallpegelmessers nicht zu befürchten sind. Geeichte Schallpegelmesser dürfen jedoch verwendet werden.

Für die Kalibrierung der Messgerätekette ist ein Kalibrator der Genauigkeitsklasse 2 (oder besser) zu verwenden. Bei mobilen Anlagen ist eine Kalibrierung vor und nach der Messung erforderlich. Bei stationären Anlagen, die täglich verwendet werden (beispielsweise in Discotheken), könnte eine Messung über mehrere Jahre hinweg durchgeführt werden. Hier würde dann eine Kalibrierung vor und nach der Messung zu einem Kalibrierungsintervall von entsprechend vielen Jahren führen, was deutlich zu lang ist. Hier ist das Kalibrierungsintervall der Langzeitstabilität der Messanlage anzupassen. Sofern die Messanlage diesbezüglich keine Auffälligkeiten zeigt, ist eine tägliche Kalibrierung auf jeden Fall hinreichend. Bei Messanlagen mit hoher Langzeitstabilität mag die Ausdehnung des Kalibrierungsintervalls auf bis zu mehreren Wochen denkbar sein.

5.3 Immissionsort und Ersatzimmissionsort

Der maßgebliche Immissionsort, für den der Beurteilungspegel gebildet wird, ist der für das Publikum zugängliche Platz, an dem der höchste Schalldruckpegel erwartet wird.

Wenn die Messung des Schalldruckpegels am maßgeblichen Immissionsort während einer Veranstaltung durch das Publikum verfälscht werden kann, ist die Messung an einem Ersatzimmissionsort erforderlich. Dieser sollte so weit vom Publikum entfernt sein, dass das Messergebnis nicht relevant beeinflusst werden kann, z. B. oberhalb des Publikums.

Sofern sich aus dem Aufbau der Tonanlage der Publikumsplatz mit dem höchsten Schalldruckpegel hinreichend sicher erwarten lässt, müssen zu dessen Ermittlung keine Messungen durchgeführt werden. Bei gängigen Aufbauten der Beschallungsanlage befindet sich der maßgebliche Immissionsort in unmittelbarer Nähe der Beschallungsanlage, dabei ist jedoch die Richtwirkung im mittleren Frequenzbereich zu berücksichtigen.

Der maßgebliche Immissionsort wird vor Beginn der Veranstaltung gewählt. Zu diesem Zeitpunkt kann noch unklar sein, ob der lauteste Punkt im Publikumsbereich durch das Hauptbeschallungssystem (PA) bestimmt wird oder durch die Bühnenbeschallung (Monitorlautsprecher und Instrumentenverstärker). Kann hier vor der Veranstaltung keine Klärung herbeigeführt werden, dann kann auch eine Messung an mehreren Punkten erfolgen. Bei einer solchen mehrkanaligen Messung wird jedoch keine Mittelung der Messwerte durchgeführt, sondern alle aus den verschiedenen Messpunkten gebildeten Beurteilungspegel haben unter dem Richtwert zu liegen.

Der maßgebliche Immissionsort liegt üblicherweise direkt im Publikum, sodass von einer Verfälschung der Messung auszugehen ist.

Der Diebstahl des Messmikrofons ist in diesem Zusammenhang auch als Verfälschung der Messung zu betrachten.

5.4 Korrekturwerte

5.4.1 Grundlagen

Da zwischen dem Ersatzimmissionsort und dem maßgeblichen Immissionsort Pegeldifferenzen auftreten können, sind Korrekturwerte zu ermittelten. Diese Korrekturwerte für den A-bewerteten energieäquivalenten Dauerschalldruckpegel L_{AeqT} und den C-bewerteten Spitzenschalldruckpegel L_{Cpeak} sind während der Messung zu berücksichtigen.

Das am Ersatzimmissionsort gemessene Signal weicht im Regelfall in Pegel und Frequenzspektrum von dem Signal ab, das am maßgeblichen Immissionsort gemessen wird. Um diesen Unterschied auszugleichen, werden die Korrekturwerte verwendet.

In der Fassung vom Oktober 1989 forderte DIN 15905-5 oktavgemittelte Korrekturwerte, um auch die Unterschiede im Frequenzspektrum auszugleichen. Nach der aktuellen Fassung von DIN 15905-5 ist dies nicht mehr erforderlich: Je ein breitbandiger Korrekturwert für die A- und die C-Bewertungskurve reichen aus. Sofern die Messanlage dies ermöglicht, sind jedoch weiterhin oktav- oder terzgemittelte Korrekturwerte zulässig – es sind dabei etwas genauere Messergebnisse zu erwarten.

Sofern die Einhaltung des entsprechenden Richtwerts durch die Verwendung einer leistungsbegrenzten oder limitierten Beschallungsanlage gewährleistet wird, muss die korrespondierende Messung nicht durchgeführt werden. Somit muss dann auch der dafür erforderliche Korrekturwert nicht ermittelt und protokolliert werden.

5.4.2 Bestimmung der Korrekturwerte

Die Ermittlung der Korrekturwerte K_1 und K_2 erfolgt vorzugsweise durch Vergleichsmessungen der Mittelungspegel L_{AeqT} bzw. des C-bewerteten Spitzenschalldruckpegels L_{Cpeak} am Immissionsort und dem Messpunkt (Ersatzimmissionsort) im Vorfeld einer Veranstaltung. Die hierzu verwendete Beschallungsanlage muss identisch sein mit der während der Veranstaltung eingesetzten.

Die Korrekturwerte können aus der Schallfeldanregung mit rosa Rauschen (40 Hz bis 20 000 Hz) bestimmt werden. Für K_1 muss die Mittelungszeit T des A-bewerteten energieäquivalenten Dauerschallpegels L_{AeqT} mindestens 5 s betragen.

Werden die Korrekturwerte durch Berechnung ermittelt, sind die raumakustischen Eigenschaften der betrachteten Umgebung und der verwendeten Lautsprecher geeignet zu berücksichtigen.

Bei einer solchen Vergleichsmessung werden – bevorzugt gleichzeitig, ansonsten nacheinander bei unverändertem Signal – die Pegel am maßgeblichen Immissionsort und am Ersatzimmissionsort gemessen. Die Differenz der beiden Messwerte ist dann jeweils der Korrekturwert.

Die Korrekturwerte hängen von der Beschallungsanlage, deren Aufbau und deren Einstellung ab. Die Ermittlung der Korrekturwerte kann somit erst erfolgen, wenn die Beschallungsanlage fertig aufgebaut und eingestellt ist.

Für die Ermittlung der Korrekturwerte ist rosa Rauschen das geeignete Anregungssignal. Die Bandbreite des Signals sollte den angegebenen Wert zumindest nicht deutlich unterschreiten. Der Pegel des Anregungssignals sollte in etwa dem später verwendeten Pegel entsprechen. Eine Mittelungszeit von fünf Sekunden ist bei geringen Umgebungsgeräuschen sachgemäß, ansonsten sollte über längere Zeiten gemittelt werden.

Bisweilen müssen Korrekturwerte auch bei bereits anwesendem Publikum ermittelt werden (beispielsweise bei Open-Air-Veranstaltungen auf einem Marktplatz). Hier dürfte rosa Rauschen mit hohem Pegel in der Regel unzumutbar sein. In solchen Fällen kann die Schallfeldanregung auch mit gewöhnlicher Musik erfolgen, allerdings sollte dann über deutlich längere Zeiträume (eine Minute oder mehr) gemittelt werden. Werden die Pegel am maßgeblichen Immissionsort und am Ersatzimmissionsort nacheinander ermittelt, dann ist strikt darauf zu achten, dass dafür dieselbe Passage der Musik verwendet wird.

Sofern keine erkennbaren Gründe dem entgegenstehen, wird für K_2 dieselbe Mittelungsdauer verwendet wie für K_1.

Die Ermittlung der Korrekturwerte über Berechnung kann nur verwendet werden, wenn diese durch das verwendete Verfahren in hoher Verlässlichkeit ermittelt werden. Das ist bei den derzeitig gebräuchlichen Berechnungsprogrammen nicht zu erwarten. Es ist jedoch nicht auszuschließen, dass in den nächsten Jahren dafür geeignete Software auf den Markt kommt. Eine Berechnung über die Abstandsformel genügt den hier geforderten Bedingungen nicht.

5.4.3 Anwendung der Korrekturwerte

Die ermittelten Korrekturwerte gelten ausschließlich für den angewendeten Lautsprecheraufbau, den zugeordneten Immissionsort und für die benutzte Messmikrofonanordnung. Sie sind für jede Kombination von Veranstaltungsort, Lautsprecheraufbau und zugeordnetem Immissionsort unterschiedlich.

Im Regelfall sind die Korrekturwerte für jede Veranstaltung neu zu ermitteln. Nicht erforderlich ist dies lediglich dort, wo eine unveränderte Beschallungsanlage verwendet wird: in Musicaltheatern beispielsweise, teilweise auch in Discotheken.

5.5 Messgrößen

Messgrößen sind:

a) der energieäquivalente Schalldruckpegel L_{AeqT} für den maßgeblichen Immissionsort mit einer Mittelungszeit $T \geq 5$ s. Der Kurzzeitmittlungspegel ermöglicht es dem Bedienpersonal der Beschallungsanlage, den Schalldruckpegel auf einen geeigneten Wert einzustellen. Er sollte während der Veranstaltung unterhalb und höchstens kurzzeitig oberhalb des Richtwertes für den Beurteilungspegel liegen (siehe auch Tabelle 1);

b) der energieäquivalente Schalldruckpegel L_{AeqTr};

ANMERKUNG 1 Die über eine Beurteilungszeit von 30 Minuten gemessenen Beurteilungspegel ermöglichen im Nachhinein die Zuordnung von einzelnen Passagen oder Darbietungen einer Veranstaltung.

c) C-bewerteter Spitzenschalldruckpegel L_{Cpeak}.

ANMERKUNG 2 Kurzzeitige impulsartige Schalldruckpegel können zu sofortigen Gehörschädigungen führen.

Die Messgröße a) dient rein zur Information des Bedienpersonals, sie wird nicht in das Messprotokoll aufgenommen. Spezialisierte Messanlagen erlauben manchmal die gleichzeitige Darstellung mehrerer Mittelungspegel mit unterschiedlichen, frei einstellbaren Mittelungspegeln.

Die Messgrößen b) und c) werden zur Protokollierung benötigt, sie sollen aber auch dem Bedienpersonal der Beschallungsanlage dargestellt werden. Beide Messgrößen sind für jede Beurteilungszeit, also für jeden 30-Minuten-Block, zu protokollieren. Dies erlaubt zumindest eine grobe Zuordnung zu einzelnen Teilen der Veranstaltung. Spezialisierte Messanlagen schreiben zusätzlich diese Messwerte in kürzeren Intervallen, beispielsweise in Minuten.

5.6 Messprotokoll

Das Messprotokoll muss die folgenden Informationen enthalten:

a) Veranstalter;

b) Verfasser des Messprotokolls: Name und Unterschrift;

c) Datum und Veranstaltungsort;

d) Beurteilungspegel L_{Ar} und Spitzenschalldruckpegel L_{Cpeak} aller Beurteilungszeiten;

e) Beginn und Ende der Messung;

f) verwendete Mess- und Kalibriergeräte;

g) Ergebnis der Kalibrierung;

h) Typ und Anordnung der genutzten Beschallungsanlage;

i) maßgeblicher Immissionsort und Ersatzimmissionsort (Messpunkt);

j) Korrekturwerte K_1, K_2 und die Art der Ermittlung;

Zusätzlich sollten folgende Informationen enthalten sein:

k) Name der Veranstaltung;

l) Beginn und Ende der Veranstaltung;

m) zeitlicher Veranstaltungsablauf;

n) Bedienpersonal der Beschallungsanlage, z. B. DJ, FOH-Techniker, Mischer;

Das Protokoll enthält obligatorische (Angaben, die zwingend vorhanden sein müssen) und fakultative Angaben (Angaben, die vorhanden sein sollen).

Der Veranstalter ist der Geschäftsherr der Veranstaltung. Gibt es die Kombination aus örtlichem Veranstalter und Tourneeveranstalter, so bilden diese oft eine Gesellschaft des bürgerlichen Rechts, die dann Veranstalter ist.

Der Beurteilungspegel L_{Ar} und Spitzenschalldruckpegel L_{Cpeak} sind für jeden 30-Minuten-Block zu protokollieren. Wird die Einhaltung des Beurteilungspegels L_{Ar} durch eine leistungsbeschränkte oder limitierte Anlage gewährleistet, so kann die Protokollierung von L_{Ar} und K_1 entfallen. Wird die Einhaltung des Spitzenschalldruckpegels L_{Cpeak} durch eine leistungsbeschränkte oder limitierte Anlage gewährleistet, so kann die Protokollierung von L_{Cpeak} und K_2 entfallen.

Typ und Anordnung der genutzten Beschallungsanlage sowie Lage des maßgeblichen Immissionsorts und des Ersatzimmissionsorts (Messpunkt) sind so weit zu dokumentieren, dass die Plausibilität des maßgeblichen Immissionsorts und der Korrekturwerte beurteilt werden kann. Geeignet dazu können beschreibende Erläuterungen, technische Zeichnungen und/oder Fotos sein.

6 Schutzmaßnahmen und Information über Gefährdung des Gehörs

6.1 Allgemeines

Zur Wahrnehmung der Verkehrssicherungspflicht sind in Abhängigkeit von der Höhe der zu erwartenden Beurteilungspegel und C-bewerteten Spitzenschalldruckpegel Schutzmaßnahmen zu ergreifen und ist das Publikum über die Gefährdung des Gehörs zu informieren.

Das Schädigungspotenzial von Lärm und Musik ist das Produkt aus Energiegehalt (Schallintensität) mal Einwirkdauer. Wollte man jegliches Risiko ausschließen, dann müsste der Beurteilungspegel auf etwa 70 dB begrenzt werden. Mit einem solchen Pegel sind jedoch Musikveranstaltungen, insbesondere modernerer Stilrichtungen, nicht durchführbar.

Ein Richtwert von 95 dB beziehungsweise 99 dB ist ein Kompromiss zwischen dem Schutzziel und den Erfordernissen von Veranstaltungen. Die überwiegende Mehrheit des Publikums ist durch diese Richtwerte ausreichend gut geschützt. Dies gilt jedoch nicht für Personen, die sich sehr oft auf Veranstaltungen aufhalten und/oder über ihren Beruf oder ihr Freizeitverhalten eine erhebliche Vorbelastung des Gehörs haben. Diese müssen zusätzliche Sicherungsmaßnahmen ergreifen, beispielsweise verstärkt persönlichen Gehörschutz verwenden, sich nicht längere Zeit an lauteren Orten innerhalb der Veranstaltungsstätte aufhalten, dem Gehör zusätzliche Ruhepausen gönnen etc.

Diese zusätzlichen Sicherungsmaßnahmen kann nicht der Veranstalter ergreifen, da er über die jeweilige Vorbelastung keine Erkenntnis hat. Es bleibt kein anderer Weg, als das Publikum mit in die Verantwortung zu nehmen. Dies kann jedoch nur mit entsprechenden Informationen geschehen: Selbst gelernte Tontechniker können Schallpegel nicht hinreichend genau einschätzen, Laien sind damit völlig überfordert. Die Information über die gefahrenen Pegel muss somit vom Inhaber der Verkehrssicherungspflicht kommen.

6.2 Allgemeine Schutzmaßnahmen

Der Aufenthalt des Publikums im Nahbereich der Lautsprecher sollte durch geeignete Maßnahmen, z. B. Absperrungen oder Positionierung der Lautsprecher, verhindert werden, da in unmittelbarer Nähe von Schallquellen höhere Schalldruckpegel auftreten.

Die elektroakustische Beschallungsanlage ist so zu begrenzen, dass am maßgeblichen Immissionsort ein C-bewerteter Spitzenschalldruckpegel von 135 dB nicht überschritten werden kann.

In der alten Fassung von DIN 15905-5 wurde ein Mindestabstand von 3 m gefordert. In der aktuellen Fassung ist kein konkreter Wert für den Abstand des Publikums mehr vorgesehen, 3 m dürften jedoch nach wie vor in den meisten Fällen ein brauchbarer Wert sein. Zudem wurde dieser Sicherheitsabstand von einer Muss- zu einer Soll-Bestimmung zurückgestuft. Dies ist von daher gerechtfertigt, da die Richtwerte sich auf den maßgeblichen Immissionsort beziehen, also auf den lautesten, dem Publikum zugänglichen Punkt. Kann das Publikum sich unmittelbar vor den Lautsprechern aufhalten, dann ist der Pegel dort so weit zu reduzieren, dass dies gefahrlos möglich ist.

Im Gegensatz zu einer Überschreitung des Beurteilungspegels zeichnet sich eine Überschreitung des C-bewerteten Spitzenschalldruckpegels vorher nicht ab. Dem Bedienpersonal bleibt also keine Möglichkeit der Reaktion. Von daher sollte der C-bewertete Spitzenschalldruckpegel technisch begrenzt werden, beispielsweise mit einer entsprechend leistungsschwachen Beschallungsanlage oder durch einen Limiter. Dass der C-bewertete Spitzenschalldruckpegel unter 135 dB liegt, braucht beim Einsatz einer solchen technischen Begrenzung auch nicht mehr durch Messung nachgewiesen zu werden.

Professionell produzierte Musik von CD ist üblicherweise stark komprimiert, der Spitzenpegel liegt nicht mehr als 10 dB (in Einzelfällen 15 dB) über dem L_{Aeq}. Wird beispielsweise in einer Discothek nur solches vorproduzierte Material gespielt und dabei darauf geachtet, dass der Beurteilungspegel nicht über 95 dB beziehungsweise 99 dB liegt, dann ist auch der C-bewertete Spitzenschalldruckpegel weit unter dem Richtwert. Er braucht somit nicht eigens technisch begrenzt zu werden. Die Einhaltung des Richtwerts muss dann jedoch per Messung nachgewiesen werden.

6.3 Schutzmaßnahmen bei einem Beurteilungspegel von 85 dB und mehr

Das Publikum ist in geeigneter Weise zu informieren, wenn zu erwarten ist, dass der A-bewertete Beurteilungspegel 85 dB überschreiten wird.

Bei einer zu erwarteten Überschreitung eines A-bewerteten Beurteilungspegels von 85 dB ist dieser durch Messung nach Abschnitt 5 zu dokumentieren. Auf die Messung kann verzichtet werden, wenn sichergestellt ist, dass ein A-bewerteter Beurteilungspegel von 95 dB unterschritten wird.

Das Gehörschadensrisiko hängt von Intensität und Dauer der Lärmeinwirkung (Lärmdosis) ab (siehe ISO 1999:1990). Zur Vermeidung eines lärmbedingten Gehörschadens darf das ungeschützte Ohr wöchentlich höchstens mit einer Lärmdosis von 40 Stunden bei 85 dB belastet werden. Die Einwirkung von Lärm mit einem Beurteilungspegel von 85 dB und mehr kann maßgeblich zur wöchentlichen Lärmdosis beitragen.

Die Höhe der individuellen wöchentlichen Lärmdosis kann der Besucher durch seine Aufenthaltsdauer im Lärm beeinflussen. Um diese Eigenverantwortung wahrnehmen zu können, muss das Publikum informiert werden, wenn es sich in Lärmbereichen mit Beurteilungspegeln von 85 dB und mehr aufhält, da der Beurteilungspegel subjektiv nicht ausreichend eingeschätzt werden kann.

ANMERKUNG Das Publikum kann über die Gehörgefährdung durch hohe Schallpegel z. B. durch folgende Maßnahmen informiert werden: Aufdruck auf Eintrittskarten, Handzettel (en: Flyer), Aushang, Durchsage, Anzeigetafel (Visualisierung), Speisen- und Getränkekarte. Eine hilfreiche und sachgerechte Information würde die Mitteilung der möglichen Schalldosis darstellen (siehe Anhang C).

Wenn der Beurteilungspegel über 85 dB liegt, dann beginnt das Schädigungsrisiko stark anzusteigen. Darüber ist das Publikum zu informieren. Bei Musikveranstaltungen liegt der Beurteilungspegel fast immer über 85 dB. Ein Beurteilungspegel unter 85 dB ist beispielsweise bei konventionellen Gottesdiensten, bei Vorträgen mit Lautsprecherunterstützung des Referenten und ähnlichen Veranstaltungen zu erwarten.

Bei allen anderen Veranstaltungen muss der Schallpegel gemessen werden, damit zu hohe Schallpegel rechtzeitig erkannt werden. Auf diese Messung kann jedoch verzichtet werden, wenn durch eine leistungsbegrenzte oder limitierte Beschallungsanlage sichergestellt ist, dass der Beurteilungspegel 95 dB nicht übersteigt.

Über die Art und Weise, in der das Publikum über ein solches Schädigungsrisiko informiert wird, macht DIN 15905-5 keine konkrete
Vorgaben. Die Information muss lediglich in geeigneter Weise erfolgen. Dies kann im Einzelfall auch bedeuten, dass mehrere Informa-
tionswege kombiniert werden, beispielsweise ein Aufdruck auf der
Eintrittskarte mit einer Durchsage vor Beginn der Veranstaltung.

Insbesondere dann, wenn der Beurteilungspegel deutlich über
85 dB liegt, muss die Information in einer solchen Art und Weise
erfolgen, dass sie von der weit überwiegenden Zahl der Besucher
wahrgenommen und inhaltlich verstanden wird. Im Rahmen dieses
Erfordernisses ist der Veranstalter jedoch frei in der Ausgestaltung
seiner Informationsangebote.

6.4 Schutzmaßnahmen bei einem A-bewerteten Beurteilungs-
pegel von 95 dB und mehr

Zusätzlich ist bei einem A-bewerteten Beurteilungspegel von 95 dB
und mehr dem Publikum das Tragen von bereitgestellten Gehörschutzmitteln nach Reihe der Normen DIN EN 352 zum sicheren
Schutz des Gehörs zu empfehlen.

Ein A-bewerteter Beurteilungspegel von 99 dB nach Abschnitt 4
darf nicht überschritten werden.

Eine optische Anzeige durch die Messeinrichtung ermöglicht
dem Bedienpersonal der Beschallungsanlage, während der Veranstaltung auf zu hohe Schalldruckpegel reagieren zu können, um
gegebenenfalls die Lautstärke zu reduzieren. Die Signalisierung
kann nach Tabelle 1 mit den jeweiligen Erfordernissen aus einem
A-bewerteten Mittelungspegel ($T \geq 5$ s) generiert werden.

**Tabelle 1 — Beispiel einer optischen Anzeige zur Darstellung des
Schalldruckpegels für das Bedienpersonal**

Farbe der Signalisierung	Leuchtet auf bei L_{AeqT}
Rot	> 99 dB
Gelb	95 dB bis 99 dB

Auf die Messung des A-bewerteten Beurteilungspegels kann verzichtet werden, wenn sichergestellt ist, dass ein A-bewerteter
Beurteilungspegel von 99 dB nicht überschritten wird. Sofern dazu
ein Limiter verwendet wird, ist dieser gegen unbefugte Veränderung, z. B. durch Plombieren der Bedienungselemente, zu schützen und in Abständen von höchstens 6 Monaten hinsichtlich der
Wirksamkeit zu überprüfen.

ANMERKUNG Bei einem Beurteilungspegel von 95 dB wird die für die Vermeidung eines lärmbedingten Gehörschadens einzuhaltende wöchentliche Lärmdosis bereits nach einer Einwirkungsdauer von 4 Stunden erreicht. Bei höheren Beurteilungspegeln oder längeren Einwirkungsdauern lässt sich der sichere Schutz des Gehörs nur durch das Tragen von Gehörschutzmitteln erreichen. Die Kommission „Soziakusis" hatte bereits auf ihrer 12. Sitzung am 25. Februar 2000 den Beschluss „Pegelbegrenzung in Diskotheken zum Schutz vor Gehörschäden" gefasst (wiedergegeben in [1] Teil 1 Seite 73 f.) und darin für die Pegelbegrenzung den von der Bundesärztekammer begründeten Pegelwert von 95 dB herausgestellt.

Unter Gehörschutzmittel nach der Reihe der Normen DIN EN 352 fallen auch einfache „Ohrenstöpsel", die für einen Paarpreis von etwa 7 Cent beschafft werden können – der finanzielle Aufwand für den Veranstalter ist somit überschaubar. Im Regelfall wird der Veranstalter diese Gehörschutzmittel kostenlos abgeben.

Ob Gehörschutzmittel kostenlos, zum Selbstkostenpreis oder mit Gewinnaufschlag abgegeben werden, wird in der Norm offengelassen, da solche Bestimmungen den Regelungsbereich einer technischen Regel überschreiten würden. Es ist zu erwarten, dass diese Frage von der Rechtsprechung in den nächsten Jahren geklärt wird. Es kann dabei nicht ausgeschlossen werden, dass sich die Rechtsprechung dann an der Schweizer Schall- und Laserverordnung orientiert, nach der ab einem Pegel von 93 dB Gehörschutz kostenlos angeboten werden muss.

Gehörschutzmittel nach DIN EN 352 haben meist eine nominale Dämpfung von deutlich über 10 dB. Wenn nun bei der Zurverfügungstellung von Gehörschutzmitteln lediglich 4 dB mehr Pegel (99 dB statt 95 dB) gefahren werden darf, dann hat das insbesondere zwei Gründe: Zum einen wird die nominale Dämpfung nur bei sachgemäßer Anwendung erreicht. Da der Veranstalter eine entsprechende Schulung personell nicht leisten können wird, ist von einer sachgemäßen Anwendung nicht durchgängig auszugehen. Zum anderen ist die Anwendung von Gehörschutzmitteln freiwillig, im Gegensatz zu einem Arbeitgeber hat ein Veranstalter keine rechtliche Handhabe, die Anwendung zu erzwingen. Mit dieser Norm soll neben dem einzelnen Individuum jedoch auch die Solidargemeinschaft der Krankenversicherten vor unnötig hohen Behandlungskosten geschützt werden. Der vergleichsweise geringe „Pegelzuschlag" von 4 dB ist somit sachgemäß.

Die optische Anzeige des Pegels ist nur für das Bedienpersonal, nicht jedoch für das Publikum vorgesehen. Hintergrund ist die Überlegung, dass die Anzeige des Beurteilungspegels die Künstler und deren Tontechniker zu „Pegelwettbewerben" animieren könnte, was dem Schutzziel dieser Norm zuwiderlaufen würde. Wenn der Tontechniker einen Beurteilungspegel von 95 dB beziehungsweise 99 dB nicht überschreiten darf, dann muss er jederzeit Klarheit über den von ihm gefahrenen Pegel haben, alles andere wäre „Autofahren ohne Tacho".

Wie diese optische Anzeige im Detail realisiert wird, bleibt freigestellt. Der hier gemachte Vorschlag einer Leuchtsignalisierung ist als Minimalausstattung zu verstehen. Besser ausgestattete Messsysteme zeigen beispielsweise gleichzeitig den Momentanpegel in den Zeitbewertungen *Fast* (125 ms) und *Slow* (1 s), ein Kurzzeitmittel (einstellbar zwischen 1 und 60 Sekunden), ein Langzeitmittel (einstellbar zwischen 1 Minute und 240 Minuten) sowie die prozentuale Energiedosis in jedem Halbstundenblock an.

Wie an verschiedenen Stellen bereits erwähnt, kann auf eine Messung verzichtet werden, wenn durch eine entsprechend leistungsschwache Anlage oder durch eine Limitierung sichergestellt wird, dass der entsprechende Richtwert nicht überschritten werden kann. Bei einer leistungsschwachen Anlage ist die Gefahr der Manipulation nicht gegeben. Wird jedoch der maximale Pegel durch einen Limiter begrenzt, dann ist sicherzustellen, dass dieser nicht wieder außer Kraft gesetzt wird: Die Notwendigkeit einer Pegelbegrenzung wird noch nicht durchgängig eingesehen, sodass die Gefahr der Manipulation stets berücksichtigt werden und so weit wie möglich ausgeschlossen werden muss. Zudem muss die Wirksamkeit regelmäßig überprüft werden.

Der Verantwortliche hat alle möglichen und zumutbaren Maßnahmen zu ergreifen, um eine unbefugte Veränderung der Limiter zu verhindern. Im Regelfall werden dies folgende Maßnahmen sein:

- Die Leitungen vom Limiter zu den Controllern und von den Controllern zu den Endstufen sind zu versiegeln.

- Sofern die Endstufen und/oder die Controller Pegelsteller haben, sind diese auf Maximalstellung zu stellen oder zu versiegeln.

- Der Controller ist mit einem nicht bekannt gegebenen Passwort gegen Veränderung der Einstellungen zu schützen.

- Die Bedienelemente des Limiters werden durch Plombieren geschützt.

- Das Bedienpersonal der Beschallungsanlage ist eindeutig darauf hinzuweisen, dass Veränderungen an dieser Stelle nicht vorgenommen werden dürfen. Unter Umständen sind Konventionalstrafen in den Verträgen vorzusehen.

Anhang A
(informativ)

Anhänge von Normen können normativ oder informativ sein. Informative Anhänge gehören nicht zur technischen Regel, sondern sollen die Umsetzung derselben erleichtern. Es darf jederzeit von diesen Vorschlägen abgewichen werden, sofern die Anforderungen in der Norm und in den normativen Anhängen erfüllt werden.

DIN 15905-5 hat nur informative Anhänge.

Beispiele für verschiedene Arten von Veranstaltungen

A.1 Allgemeines

In der Praxis werden zum Teil verschiedenartige Vorgehensweisen zur Ermittlung und Dokumentation der Schallimmissionen sinnvoll sein. Daher wird im Folgenden anhand von drei beispielhaften Veranstaltungssituationen dargestellt, wie eine Sicherstellung der Nichtüberschreitung der Immissionsrichtwerte umgesetzt werden kann.

A.2 Fest installierte Beschallungsanlage für den Live-Betrieb

Bei Live-Veranstaltungen sind elektronische Pegelbegrenzungseinheiten (Limiter) oftmals nicht sinnvoll einsetzbar. Es bietet sich hier die feste Installation einer Messeinrichtung an.

Die Bestimmung der Korrekturwerte K_1 und K_2 erfolgt einmalig bei der Einrichtung der Messgeräte. Die weiteren Messungen im Betrieb erfolgen ausschließlich am Ersatzimmissionsort. Das Bedienpersonal der Beschallungsanlage erhält eine optische Anzeige entsprechend 6.4 „Einsatz optischer Anzeigen für das Bedienpersonal".

Fest installierte Beschallungsanlagen für den Live-Betrieb sind beispielsweise in Musical-Theatern zu finden. Dort bleibt die Beschallungsanlage während einer Produktion unverändert. Wird eine neue Produktion eingerichtet, dann wird üblicherweise auch die Beschallungsanlage verändert, sodass die Korrekturwerte dann neu zu ermitteln sind. Bei lang laufenden Produktionen werden die Korrekturwerte manchmal jährlich überprüft.

Eine häufig verwendete Alternative ist es, nur den Beurteilungspegel zu messen und die Einhaltung des C-bewerteten Spitzenschalldruckpegels mittels eines Limiters zu garantieren. Musical-Theater haben fast immer sorgfältig abgestimmte Controller in den Beschallungsanlagen, die einen Spitzenpegel über 135 dB schon aus Gründen des Lautsprecherschutzes ausschließen. Diese Limiter-Lösung kann somit ohne Mehraufwand auch für den Publikumsschutz genutzt werden.

A.3 Wechselnde Beschallungsanlagen

In Spielstätten mit häufig wechselnden Produktionen können unterschiedliche Beschallungsanlagen und Bühnensituationen auftreten.

Die Korrekturwerte K_1 und K_2 sind für veränderte Situationen jeweils neu zu bestimmen.

Die Messung kann mit einem mobilen oder fest installierten Messgerät erfolgen, das geeignet ist, die erforderlichen optischen Anzeigen für das Bedienpersonal zur Verfügung zu stellen.

ANMERKUNG Ein fest installiertes Messgerät erfordert keine ständige Betreuung.

Spielstätten mit häufig wechselnden Produktionen sind beispielsweise Mehrzweckhallen, Sportstadien und Rundfunkstudios. Üblicherweise wird dort für jede Veranstaltung eine unterschiedliche Beschallungsanlage eingesetzt, somit müssen auch stets die Korrekturwerte neu ermittelt werden.

Unter einem *mobilen Messgerät* werden hier integrierende Handschallpegelmesser und ähnliche Messanlagen verstanden, bei denen zu jeder vollen halben Stunde die Messung neu gestartet sowie der Messwert abgelesen und notiert werden muss. Da dies stets pünktlich zur vollen halben Stunde passieren muss, kann der Betreuer der Messanlage kaum für andere Zwecke eingesetzt werden, zumal solche Messgeräte meist auch keine brauchbare Signalisierung haben und die Information über zu hohe Pegel dann vom Betreuer der Messanlage an das Bedienpersonal der Beschallungsanlage weitergegeben wird. Der Vorteil des preisgünstigeren Messequipments wird durch die höheren Personalkosten zunichte gemacht.

Spezialisierte Messanlagen – häufig sind sie fest installiert – benötigen eine Betreuung nur zum Ermitteln der Korrekturwerte, danach läuft die Messung autark. Sofern das Bedienpersonal der Beschallungsanlage freiwillig die ihnen zur Verfügung gestellte optische Anzeige beachtet, erfordern solche Messanlagen dann keine weitere Betreuung mehr. (Der Betreuungsaufwand liegt dann bei – je nach Größe der Veranstaltungsstätte – etwa 15 bis 30 Minuten pro Produktion.)

A.4 Fest installierte Beschallungsanlage zur Wiedergabe von Tonträgern

Die Nichtüberschreitung der Richtwerte kann durch den Einsatz eines manipulationssicheren Limiters sichergestellt werden.

Limiter eignen sich insbesondere dort, wo Beschallung überwiegend oder ausschließlich per Tonträger erfolgt.

Der Limiter sollte in regelmäßigen Abständen von 6 Monaten hinsichtlich seiner Wirksamkeit überprüft werden.

Eine optische Anzeige bei Überschreitung der Richtwerte ist nicht erforderlich, da die Überschreitung technisch ausgeschlossen ist.

Discjockey sind in der Regel eher Künstler als Techniker und während der Veranstaltung oft auch mit anderen Dingen beschäftigt als mit dem gerade gefahrenen Pegel. Hier kann es sinnvoll sein, den Schallpegel mittels eines Limiters zu begrenzen, sodass sich der Discjockey darum nicht mehr kümmern muss. Da Musik von Tonträgern („Konservenmusik") üblicherweise eine deutlich geringere Dynamik aufweist als Livemusik, ist der Einsatz von Limitern hier auch weniger nachteilig.

Einen anderen Ansatz verfolgen die Branchenverbände mit ihrem Projekt „DJ-Führerschein": Durch eine entsprechende Schulung soll der Discjockey in die Lage versetzt werden, während der Veranstaltung die Richtwerte für den Schallpegel einzuhalten. Sofern dann auch noch die Discothek mit einer entsprechenden Messanlage ausgerüstet ist, spricht dann nichts dagegen, auf einen Limiter zu verzichten oder nur noch die Einhaltung des Richtwerts für den C-bewerteten Spitzenschalldruckpegel mittels eines Limiters zu gewährleisten.

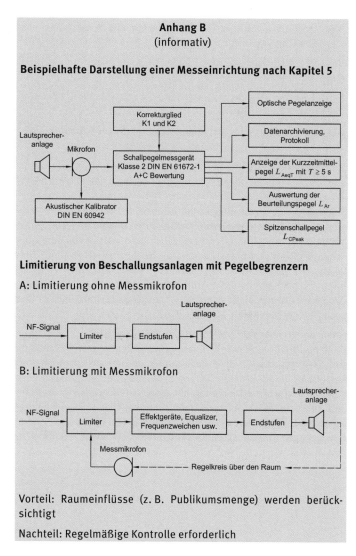

Anhang B
(informativ)

Beispielhafte Darstellung einer Messeinrichtung nach Kapitel 5

Limitierung von Beschallungsanlagen mit Pegelbegrenzern

A: Limitierung ohne Messmikrofon

B: Limitierung mit Messmikrofon

Vorteil: Raumeinflüsse (z. B. Publikumsmenge) werden berücksichtigt

Nachteil: Regelmäßige Kontrolle erforderlich

Wenn der Schallpegel mit einem Mikrofon überwacht wird, nimmt dieses auch Fremdgeräusche auf, zum Beispiel durch das Publikum verursachte Geräusche. Diese müssen bei der Messung nicht berücksichtigt werden. Wenn sie berücksichtigt werden, dann führt das oft zu einem messbar höheren Beurteilungspegel.

Anhang C
(informativ)

Ermittlung der relativen Schalldosis

Zur Vermeidung von Gehörschäden darf eine bestimmte Schallexposition pro Woche (Schalldosis oder Lärmdosis) nicht überschritten werden. Für die Lärmdosis sind Intensität der Lärmeinwirkung und Einwirkdauer maßgebend. Für den akustischen Laien (Publikum) sind die in der Akustik üblichen Angaben nicht ausreichend verständlich, um das Gehörschadensrisiko einschätzen zu können. Eine risikoadäquate und leicht verständliche Beschreibung der Schallexposition ist möglich, wenn die mitzuteilende Schalldosis (z. B. Schallexposition während einer Veranstaltung) als Prozentsatz der zulässigen Wochen-Schallexposition von 1 820 Pa²s (entspricht 40 Stunden bei 85 dB) ausgedrückt wird. Mit Hilfe von Tabelle C.1 bzw. Bild C.1 kann der entsprechende Prozentwert der (relativen) Schalldosis ermittelt werden.

Wie der Tabelle C.1 bzw. dem Bild B.1 zu entnehmen ist, wird die zulässige relative Wochendosis von 100 % bereits erreicht, z. B. durch einen A-bewerteten Schallpegel von 85 dB über 40 Stunden oder von 95 dB über 4 Stunden oder von 98 dB über 2 Stunden.

Nimmt ein Besucher an verschiedenen Veranstaltungen innerhalb einer Woche teil, muss er nur noch die Prozentwerte der jeweiligen (relativen) Schalldosis addieren und hat so einen Überblick über seine Wochen-Schalldosis.

41

Tabelle C.1 — Ermittlung der Schalldosis in Prozent der zulässigen Wochen-Schall-exposition von 1 820 Pa²s (entspricht 40 Stunden bei 85 dB) in Abhängigkeit von der Einwirkdauer und dem A-bewerteten energieäquivalenten Dauerschallpegel

L_{Aeq} in DB	Einwirkdauer in Stunden						ISO 1999:1990
	0,5 h	1,0 h	2,0 h	4,0 h	8,0 h	40,0 h	$E_{A,\,8\,h}$ in Pa²s
80	0,4 %	0,8 %	1,6 %	3,2 %	6,3 %	31,6 %	1,15 E+03
81	0,5 %	1,0 %	2,0 %	4,0 %	8,0 %	39,8 %	1,45 E+03
82	0,6 %	1,3 %	2,5 %	5,0 %	10,0 %	50,0 %	1,82 E+03
83	0,8 %	1,6 %	3,1 %	6,3 %	12,6 %	62,9 %	2,29 E+03
84	1,0 %	2,0 %	4,0 %	7,9 %	15,9 %	79,4 %	2,89 E+03
85	1,3 %	2,5 %	5,0 %	10,0 %	20,0 %	100,0 %	3,64 E+03
86	1,6 %	3,1 %	6,3 %	12,6 %	25,2 %	125,8 %	4,58 E+03
87	2,0 %	4,0 %	7,9 %	15,8 %	31,6 %	158,2 %	5,76 E+03
88	2,5 %	5,0 %	10,0 %	19,9 %	39,9 %	199,5 %	7,26 E+03
89	3,1 %	6,3 %	12,5 %	25,1 %	50,2 %	250,8 %	9,13 E+03
90	3,9 %	7,9 %	15,8 %	31,6 %	63,2 %	315,9 %	1,15 E+04
91	5,0 %	10,0 %	19,9 %	39,8 %	79,7 %	398,4 %	1,45 E+04
92	6,3 %	12,5 %	25,0 %	50,0 %	100,0 %	500,0 %	1,82 E+04
93	7,9 %	15,7 %	31,5 %	62,9 %	125,8 %	629,1 %	2,29 E+04
94	9,9 %	19,8 %	39,7 %	79,4 %	158,8 %	794,0 %	2,89 E+04
95	12,5 %	25,0 %	50,0 %	100,0 %	200,0 %	1000,0 %	3,64 E+04
96	15,7 %	31,5 %	62,9 %	125,8 %	251,6 %	1258,2 %	4,58 E+04
97	19,8 %	39,6 %	79,1 %	158,2 %	316,5 %	1582,4 %	5,76 E+04
98	24,9 %	49,9 %	99,7 %	199,5 %	398,9 %	1994,5 %	7,26 E+04
99	31,4 %	62,7 %	125,4 %	250,8 %	501,6 %	2508,2 %	9,13 E+04

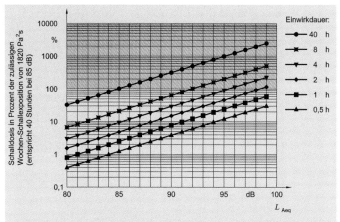

Bild C.1 — Ermittlung der Schalldosis in Prozent der zulässigen Wochen-Schallexposition von 1 820 Pa²s (entspricht 40 Stunden bei 85 dB) in Abhängigkeit von der Einwirkdauer und dem A-bewerteten energieäquivalenten Dauerschallpegel

Würden zur Ermittlung der Gesamtbelastung lediglich die Dosiswerte aus den einzelnen Veranstaltungen addiert, dann würde dies zu einem zu geringen Wert führen. Zu berücksichtigen sind auch die Belastungen aus dem Arbeitsleben sowie der Freizeitlärm, dem das Ohr außerhalb von Veranstaltungen ausgesetzt ist (MP3-Player, Autoradio etc.).

Wie aus der Tabelle zu ersehen ist, ist das Gehör des Publikums bei lang andauernden Veranstaltungen durch die Richtwerte von DIN 15905-5 nicht vollständig geschützt. Insbesondere dann, wenn Vorbelastungen aus dem Arbeitsleben und erheblicher Freizeitlärm zusammenkommen, steigt das Schadensrisiko stark an.

Da der Verkehrssicherungspflichtige weder die berufliche Vorbelastung noch das sonstige Freizeitverhalten kennen kann (und dies sich auch zwischen den einzelnen Personen im Publikum stark unterscheidet), bleibt nur die Selbstverantwortung des Publikums, dem durch entsprechende Informationspflichten Rechnung getragen wird.

Der Richtwert nach DIN 15905-5 für den Beurteilungspegel ist so bemessen, dass ein durchschnittlich empfindliches Gehör bei geringer Vorbelastung durch Beruf und Freizeitlärm und nicht mehr als einer Veranstaltung pro Woche nicht signifikant geschädigt wird.

Anhang D
(informativ)

Messprotokoll

Messprotokoll
zur Schallpegelmessung gemäß DIN

Angaben zur Veranstaltung

Veranstaltungsort:
Name der Veranstaltung:
Datum der Veranstaltung:
Veranstalter:
Beginn der Veranstaltung:
Ende der Veranstaltung:

Angaben zur Messung

Messdurchführung, Firma:
Verantwortlicher Techniker/Ingenieur FoH:
Beginn der Messung:
Ende der Messung:
Typ und Anordnung der Beschallungsanlage:

Maßgeblicher Immissionsort (lautester Punkt):
Ersatzimmissionsort (Messpunkt):
Die Korrekturwerte K_1 und K_2 wurden ermittelt durch (Messdurchführung/Art der Ermittlung):

Die einsetzte Technik entspricht der Klasse:
Messgerät/S-Nr:
Kalibriergerät/S-Nr:
Ergebnis der Kalibrierung:

Ergebniszusammenfassung

Richtwert (L_{Ar} Beurteilungspegel):	99 dB(A)
Gemessener Beurteilungspegel L_{Ar}:	98 dB(A)

ANMERKUNG   lauteste 30 Minuten während der Veranstaltung am maßgeblichen Immissionsort

Richtwert (L_{Cpeak} Spitzenwert):	135 dB(C)
Gemessener Spitzenwert L_{Cpeak}:	128 dB(C)

ANMERKUNG   lauteste 30 Minuten während der Veranstaltung am maßgeblichen Immissionsort

Berücksichtigter Korrekturwert K_1:	7,5 dB
Berücksichtigter Korrekturwert K_2:	7 dB

ANMERKUNG   sollten sich die Korrekturfaktoren während einer Veranstaltung ändern, sind diese einzeln auszuweisen

Basis/Grundlage/Verordnung: DIN 15905-5

Messprotokoll			
			Gerätenummer SPM:
Datum	Dauer [hh:mm:ss]	L_{Ar}	L_{Cpeak}
Start [hh:mm:ss]	Ende [hh:mm:ss]		
07.11.2006 15:00:04	00:29:57 15:30:01	91 dB(A)	113 dB(C)
07.11.2006 15:30:05	00:29:57 16:00:02	90 dB(A)	110 dB(C)
07.11.2006 16:00:04	00:29:57 16:30:00	91 dB(A)	111 dB(C)
07.11.2006 17:00:05	00:29:57 17:30:02	92 dB(A)	115 dB(C)
07.11.2006 17:30:05	00:29:57 18:00:00	94 dB(A)	112 dB(C)
07.11.2006 18:00:04	00:29:57 18:30:01	93 dB(A)	113 dB(C)
07.11.2006 18:30:04	00:29:57 19:00:00	91 dB(A)	110 dB(C)
07.11.2006 19:00:03	00:29:57 19:30:00	95 dB(A)	116 dB(C)
07.11.2006 19:30:04	00:29:57 20:00:01	92 dB(A	112 dB(C)
07.11.2006 20:00:04	00:29:57 20:30:01	96 dB(A)	118 dB(C)
07.11.2006 20:30:05	00:29:57 21:00:00	93 dB(A)	114 dB(C)
07.11.2006 21:00:03	00:29:57 21:30:01	98 dB(A)	126 dB(C)
07.11.2006 21:30:03	00:29:57 22:00:01	94 dB(A)	119 dB(C)
07.11.2006 22:00:04	00:29:57 22:30:04	98 dB(A)	128 dB(C)
07.11.2006 22:30:03	00:29:57 23:00:00	95 dB(A)	120 dB(C)

Anhang D veranschaulicht, wie ein Messprotokoll aufgebaut sein könnte.

Werden Messungen mit einem handelsüblichen integrierenden Schallpegelmesser durchgeführt, dann muss dort manuell zur jeweils vollen und halben Stunde die Messung neu gestartet und dabei der Messwert abgelesen und notiert werden. Üblicherweise dauert dieser Vorgang ein paar Sekunden, sodass die Messung tatsächlich jeweils keine 30 Minuten dauert, sondern ein paar Sekunden kürzer ist. Da die daraus resultierende Verfälschung jedoch völlig vernachlässigbar ist, liegt auch dann eine normgerechte Messung vor.

Literaturhinweise

[1] Schallpegel in Diskotheken und bei Musikveranstaltungen/ Umweltbundesamt. – Berlin: Umweltbundesamt.

Teil 1. Gesundheitliche Aspekte/von Wolfgang Babisch. – 2000. – 74 S.: (WaBoLu-Hefte; 2000,3) Signatur: DBF 2001 B 6381; IDN: 96096133X

http://www.apug.de/archiv/pdf/DISKO_1.pdf

Teil 2. Studie zu den Musikhörgewohnheiten von Oberschülern/von Wolfgang Babisch; Bodo Bohn [u. a.]. – 2000. – 88 S.: (WaBoLu-Hefte; 2000,4) Signatur: DBF 2001 B 6375; IDN: 96096150X

Teil 3 Studie zur Akzeptanz von Schallpegelbegrenzungen in Diskotheken/von Wolfgang Babisch; Bodo Bohn [u. a.]. – 2000. – 88 S.: (WaBoLu-Hefte; 2000,4) Signatur: DBF 2001 B 6375; IDN: 96096150X

http://www.apug.de/archiv/pdf/DISKO_2-3.pdf

[2] Beschluss der Gesundheitsministerkonferenz der Länder vom 1.7.2005, Top 7.1, „Maßnahmen zur Verhinderung von Gehörschäden durch Musikveranstaltungen einschließlich Diskothekenlärm"

http://www.gmkonline.de/?&nav=beschluesse_78&id=78_07.01

Musterprotokoll 2

Die nächsten vier Seiten zeigen ein reales, jedoch anonymisiertes Messprotokoll einer Konzert-Veranstaltung. Auf Seite 1 finden sich allgemeine Hinweise zur Veranstaltung und zur genutzten Beschallungsanlage. Zum maßgeblichen Immissionsort und Mikrofonort gibt es hier auf Seite 2 einen beschreibenden Text. Denkbar wären an dieser Stelle auch eine Skizze oder Fotos. *Lizenznehmer des Messequipments* ist keine Angabe, die von der Norm gefordert wird.

Es folgen die Ergebnisse der Kalibrierung. Die Messanlage wurde vor und nach der Messung kalibriert, und zwar sowohl mit dem A- als auch mit dem C-Bewertungsfilter. Die beiden Filter (und/oder die Eingangskanäle der Soundkarte) weichen knapp 0,3 dB voneinander ab, was durch die Kalibrierung ausgeglichen wird. Darüber hinaus ist zu erkennen, dass die Kanäle über den Lauf der Veranstaltung einen Drift von etwa 0,07 dB aufweisen, was völlig vernachlässigbar ist. Kalibriert wurde mit einem Pegel von 114 dB, der FullScale-Wert liegt bei knapp 142 dB, ab diesem Pegel käme die Anlage digital ins Clipping, größere Pegel können also nicht gemessen werden. Es folgen die Korrekturwerte für die A- und die C-Bewertung. Beide Male wurden oktavgemittelte mit breitbandigen Korrekturwerten kombiniert.

Die Messung wurde um 18:23 Uhr gestartet und um 22:48 Uhr gestoppt, dementsprechend finden sich bei den Halbstundenwerten zwei Halbstundenblöcke, die keine 30 Minuten aufweisen.

Für beide Frequenzbewertungen werden L_{eq}, L_{max}, L_{peak} sowie die über 30 beziehungsweise 120 Minuten gemittelten energieäquivalenten Mittelungspegel protokolliert. Beim Beurteilungspegel (A-bewertet) muss zumindest L_{eq120} unter 95,5 dB (ohne Gehörschutz) beziehungsweise 99,5 dB (wenn Gehörschutz zur Verfügung gestellt wird) sein. Dieser Richtwert wird hier in den meisten Halbstundenblöcken deutlich unterschritten, was teilweise auch an längeren Ansagen und leiseren Programmteilen liegt.

Dass ausgerechnet dieses Protokoll hier veröffentlicht wurde, liegt an der Bemerkung für das Protokoll: Im Regelfall gibt es ja nichts, was zusätzlich anzumerken wäre. In diesem konkreten Fall gab es jedoch ein unerwartetes Witterungsproblem, durch das Peak-Werte protokolliert wurden, die akustisch so nicht aufgetreten sind – so etwas muss natürlich entsprechend angemerkt werden.

Auf Seite 4 findet man die Minutenwerte in grafischer Darstellung, was die Norm nicht fordert, es aber ermöglicht, den Verlauf einer

Veranstaltung nachzuvollziehen. Schön klar erkennbar ist der Peak nach der Veranstaltung, wenn die Messanlage kalibriert wird. Die Kalibrierung vor der Veranstaltung erfolgte zeitlich zu früh, als dass sie noch in der Grafik erkennbar wäre. (Diese Kalibrierung geht natürlich nicht in die Messung mit ein.)

Zuletzt kommt noch die Stelle, an der das Protokoll vom Messtechniker unterschrieben werden soll.

Schallpegelmessungen nach DIN 15905-5

dBmess 2007 – Messprotokoll
www.dbmess.de

Veranstaltung
Beispielveranstaltung 2008

12.06.2008

Musterhausen

Veranstalter
Magistrat der Stadt Musterhausen

Orga-Büro

Torstraße 9

12345 Musterhausen

Veranstaltungsablauf
20:00 – 20:30 Philipp P.

21:00 – 22:30 Maria M.

genutzte Beschallungsanlage
MeyerSound Melody, jeweils 8 Elemente links und rechts geflogen,

Unterkante etwa auf 3,50 m, Subs auf dem Boden

Bedienpersonal der Beschallungsanlage
Systembetreuer: Hans Meier

FOH-Techniker: Rüdiger Meyr

Monitor-Techniker: Lina Maier

49

Immissionsort und Messpunkt

Der maßgebliche Immissionsort wird auf der Achse der Systeme etwa 3,50 m vor dem Line-Array erwartet.

Das Messmikrofon wird etwa 0,5 m seitlich vom Line-Array am Tower befestigt. Es liegt nicht im Hauptabstrahlbereich der Boxen, somit tritt insbesondere bei den höheren Frequenzen ein geringerer Pegel auf als am maßgeblichen Immisionsort.

Lizenznehmer des Messequipments

dBmess Franchise GmbH

Plankentalstraße 36

88422 Bad Buchau

verantwortlicher Messtechniker

Michael Ebner

Mess- und Kalibriergeräte

dBmess 2007

Vorverstärker 2

Kalibrator B&K 4231

Kalibrierung

A [12.06.2008 13:28:20, M: 65,28, D: 0,03, E: 113,90, F: 48,62, FS: 141,62]

C [12.06.2008 13:28:36, M: 65,03, D: 0,05, E: 113,90, F: 48,87, FS: 141,87]

Messmic: A [13:29:19, M: 65,66, D: 0,08, E: 113,90, FS: 141,24]

A [12.06.2008 22:44:55, M: 65,06, D: 0,07, E: 113,90, F: 48,84, FS: 141,68]

C [12.06.2008 22:45:09, M: 64,85, D: 0,10, E: 113,90, F: 49,05, FS: 141,95]

Messmic: A [22:50:57, M: 66,09, D: 0,08, E: 113,90, FS: 141,35]

Korrekturwerte A

Korrekturwerte: [63 Hz; 125 Hz; 250 Hz; 500 Hz; 1 kHz; 2 kHz; 4 kHz; 8 kHz; 16 kHz]

Do 12.06.2008 14.14.30, Korrekturwerte: [A] 3,8; -8,8; -4,6; 1,0; -0,6; 0,6; 3,2; 6,0; 5,2;

Do 12.06.2008 14.14.37, Korrekturwerte: [A] Min: -0,45 Max: 0,59 Diff: 1,04 Korr: 0,13

Ant1dB: 100,0 %

MUSTERPROTOKOLL 2

Korrekturwerte C

Korrekturwerte: [63 Hz; 125 Hz; 250 Hz; 500 Hz; 1 kHz; 2 kHz; 4 kHz; 8 kHz; 16 kHz]

Do 12.06.2008 14.15.07, Korrekturwerte: [C] 1,8; 1,4; -6,8; 2,4; -0,4; 0,6; 2,2; 5,4; 4,2;

Do 12.06.2008 14.15.13, Korrekturwerte: [C] Min: -3,25 Max: 3,60 Diff: 6,85 Korr: 0,35

Ant1dB: 53,1 %

Start und Stop

13:28:01 Datei geladen: backup_N_1.dm7

18:23:11 A C START

22:48:59 A C STOP

Bemerkungen

Gegen Ende der Veranstaltung wurde das Zelt undicht, sodass Regentropfen auf das Messmikrofon gefallen sind. Dies erklärt die Peak-Pegel in der letzten halben Stunde sowie den etwas erhöhten Drift des Messmikrofons.

Halbstundenwerte

| Zeit | Anzahl | Kanal A | | | | | Kanal C | | | | |
		L_{eq}	L_{max}	L_{peak}	L_{eq30}	L_{eq120}	L_{eq}	L_{max}	L_{peak}	L_{eq30}	L_{eq120}
12.06.08 13:30:00	0	0,0	0,0	0,0	0,0	0,0	0,0	0,0	0,0	0,0	0,0
12.06.08 14:00:00	0	0,0	0,0	0,0	0,0	0,0	0,0	0,0	0,0	0,0	0,0
12.06.08 14:30:00	0	0,0	0,0	0,0	0,0	0,0	0,0	0,0	0,0	0,0	0,0
12.06.08 15:00:00	0	0,0	0,0	0,0	0,0	0,0	0,0	0,0	0,0	0,0	0,0
12.06.08 15:30:00	0	0,0	0,0	0,0	0,0	0,0	0,0	0,0	0,0	0,0	0,0
12.06.08 16:00:00	0	0,0	0,0	0,0	0,0	0,0	0,0	0,0	0,0	0,0	0,0
12.06.08 16:30:00	0	0,0	0,0	0,0	0,0	0,0	0,0	0,0	0,0	0,0	0,0
12.06.08 17:00:00	0	0,0	0,0	0,0	0,0	0,0	0,0	0,0	0,0	0,0	0,0
12.06.08 17:30:00	0	0,0	0,0	0,0	0,0	0,0	0,0	0,0	0,0	0,0	0,0
12.06.08 18:00:00	0	0,0	0,0	0,0	0,0	0,0	0,0	0,0	0,0	0,0	0,0
12.06.08 18:30:00	6	75,0	81,6	94,1	68,0	62,0	92,4	102,0	113,0	85,4	79,3
12.06.08 19:00:00	30	75,5	84,6	96,1	75,5	70,2	92,0	102,7	111,8	92,0	86,8
12.06.08 19:30:00	30	75,5	85,9	95,6	75,5	72,9	90,9	103,4	112,6	90,9	88,9
12.06.08 20:00:00	30	77,4	89,0	104,7	77,4	75,2	88,0	102,5	107,6	88,0	89,7
12.06.08 20:30:00	30	89,7	102,9	114,6	89,7	84,2	102,9	117,5	127,1	102,9	97,6
12.06.08 21:00:00	30	89,7	103,6	117,2	89,7	86,9	104,2	120,1	129,8	104,2	100,8
12.06.08 21:30:00	30	97,5	109,4	121,5	97,5	92,8	109,2	121,9	132,7	109,2	105,1
12.06.08 22:00:00	30	95,9	107,1	120,0	95,9	94,5	108,0	118,8	130,8	108,0	106,8
12.06.08 22:30:00	30	99,0	111,6	121,3	99,0	96,6	109,8	119,8	130,9	109,8	108,2
12.06.08 22:51:00	18	98,7	117,9	138,7	96,4	96,9	109,0	123,2	139,5	106,8	108,2

Minutenverlauf Kanal A

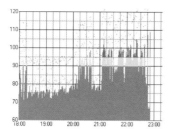

Minutenverlauf Kanal C

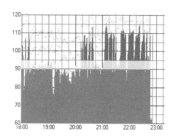

Unterschrift

Ich habe diese Messung nach bestem Wissen durchgeführt.

Datum, Unterschrift

Stand der Rechtsprechung 3

von Martin Hortig

Die rechtliche Bedeutung von DIN-Vorschriften erschließt sich nicht auf den ersten Blick. Zudem besteht bei vielen Akteuren der Branche Unkenntnis über die Rechtsprechung und Unsicherheit bei der Einschätzung von Rechtsfolgen. Nach der Rechtsprechung und dem Selbstverständnis des Deutschen Instituts für Normung e. V. sind DIN-Normen zunächst nur technische Regeln, deren Einhaltung dem Anwender empfohlen wird, sodass eine Nichtbeachtung nicht zwangsläufig zu Sanktionen führt. Jede DIN-Norm ist aber nach herrschender Rechtsprechung eine anerkannte Regel der Technik. Ihre rechtliche Relevanz entfaltet sie insbesondere im Schadensersatz- sowie im Ordnungswidrigkeiten- und Strafrecht, wenn sog. „Verkehrssicherungspflichten" verletzt werden.

Verkehrssicherungspflicht

In diesem Zusammenhang muss der Begriff der Verkehrssicherungspflicht erläutert werden. Der juristische Laie wird da zunächst nur an den Straßenverkehr denken und begeht damit einen gefährlichen Irrtum, denn nach herrschender Meinung ist derjenige, der eine Gefahrenquelle eröffnet, auch dafür verantwortlich, dass keiner zu Schaden kommt. Dieser Grundsatz gilt auch im Veranstaltungsbereich, wobei der Begriff „Gefahrenquelle" weit auszulegen ist. So muss von dem Inhalt einer Veranstaltung keine Gefahr für das Publikum ausgehen. Allein dadurch, dass der Veranstalter eine PA-Anlage bestellt und bei Anwesenheit des Publikums betreiben lässt, schafft er aus rechtlicher Sicht eine „Gefahrenquelle" und gerät deshalb in die Pflicht, dafür zu sorgen, dass durch den Betrieb der PA-Anlage (engl. public adress, Großbeschallungsanlage) keiner der Mitarbeiter, Künstler oder Zuschauer zu Schaden kommt.

Parallel dazu besteht die ebenfalls aus der Verkehrssicherungspflicht resultierende Pflicht des Betreibers einer Versammlungsstätte, für die Sicherheit der Akteure, Techniker und des Publikums zu sorgen. Dieser Pflicht entspricht der Betreiber, wenn er insbesondere die Vorschriften des Baurechts und der Versammlungsstättenverordnung einhält. Dementsprechend können Schadensersatzklagen gegen den Veranstalter und den Hallenbetreiber erhoben werden, die dann – sofern die Klage zulässig und begründet ist – gesamtschuldnerisch haften. Die Techniker bleiben im Rechtsstreit mit dem Geschädigten erst einmal unbehelligt. Es ist jedoch möglich – auch wenn derzeit dafür noch keine entsprechenden Urteile bekannt wurden –, dass der Veranstalter die Techniker als seine Erfüllungsgehilfen auf Schadensersatz in Anspruch nimmt.

Beispiel:

Der Besucher eines Rock-Konzerts in einer Veranstaltungsarena behauptet, durch die im Konzert aufgetretenen Lärmpegel einen nicht heilbaren Hörschaden erlitten zu haben. Er verklagt daraufhin den Veranstalter des Konzerts und den Betreiber der Arena zivil-rechtlich auf Schmerzensgeld, Verdienstausfall und Rentenzah-lungen. Daneben besteht für den Besucher natürlich auch noch die Möglichkeit, eine Strafanzeige wegen Körperverletzung zu stellen.

Vor dem Zivilgericht wird üblicherweise um ein Schmerzensgeld in der Größenordnung von 5000,– Euro gestritten. Demzufolge sind die Landgerichte zuständig, was für die Beklagten zwingend bedeu-tet, dass sie jeweils einen Rechtsanwalt beauftragen müssen, wenn sie nicht ein Versäumnisurteil kassieren wollen. Bei Personen, die beruflich auf ein intaktes Gehör angewiesen sind, haben auch Berufsgenossenschaft und Krankenkasse des Klägers Interesse an der Feststellung, dass die Beklagten für erfolgte und künftige Behandlungskosten sowie gegebenenfalls für eine Berufsunfähig-keitsrente aufzukommen haben. Diese Fragen werden im Zivilrechts-streit entschieden. Der verletzte Kläger ist deshalb zunächst einmal in allen Punkten beweispflichtig. Es muss also vortragen und bei Bestreiten nachweisen, auf der Veranstaltung gewesen zu sein und durch den Lärm einen Schaden erlitten zu haben.

Der eigentliche „Knackpunkt" einer solchen Beweisführung ist der ursächliche Zusammenhang zwischen Veranstaltung und Schaden. Es mag Ausnahmefälle geben, in denen vor einem Konzert ein Audio-gramm erstellt wird, so dass ein Vorher-nachher-Vergleich durchge-führt werden kann. Die Regel ist dies jedoch nicht.

Dass Schmerzensgeld- und Schadensersatzklagen dennoch durch-aus Erfolgschancen haben, liegt am Urteil VI ZR 142/00 des Bun-desgerichtshofs (BGH) vom 13. März 2001. In dieser Revisionsent-scheidung bemisst der BGH den Umfang der Verkehrssicherungs-pflicht nach der DIN 15905-5. Damit konkretisiert diese technische Vorschrift die gesetzliche Verkehrssicherungspflicht des Veranstal-ters, der deshalb verpflichtet ist, normgerechte Messungen durch-zuführen oder durch Techniker durchführen zu lassen. Sofern diese Messungen nicht durchgeführt wurden oder der Richtwert trotzdem überschritten wird, kommen diese Versäumnisse dem Kläger inso-weit zugute, dass nunmehr von der Rechtsprechung widerlegbar ein Zusammenhang (Kausalität) zwischen dem Konzert und dem Hörschaden vermutet wird. (Der Volksmund sagt Beweislastumkehr dazu.) Nun muss der Kläger nicht mehr den ursächlichen Zusammen-hang zwischen Veranstaltung und Schaden beweisen, sondern die

Beklagten müssen den vermuteten Zusammenhang mit Beweisen widerlegen. Dies ist zumindest sehr aufwändig und häufig ein recht aussichtsloses Vorhaben (zumindest dann, wenn der Klägeranwalt nicht völlig absurde Gutachten durchgehen lässt, wie dies im unten erwähnten Urteil des LG Hamburg passiert ist ...).

Die ständige Rechtsprechung zu Verkehrssicherungspflichten im Veranstaltungsbereich soll anhand der nachfolgenden sechs Urteilen verdeutlicht werden:

LG Trier (3 S 191/92)

Dem Urteil des Landgerichts Trier liegt ein Heavy-Metal-Konzert in einem Trierer Gewölbekeller zugrunde. Der 15 Jahre alte Geschädigte erlitt einen – inzwischen wieder ausgeheilten – Hörsturz mit einer Absenkung von 40 dB bei 4 kHz. Daneben erlitten 30 andere Personen ebenfalls Gehörschäden.

Das Konzert fand vor dem Erscheinen der ersten Fassung der DIN 15905-5 statt, folgerichtig bezieht sich das Gericht auch nicht darauf. Es stellt aber fest, dass hier eine Verkehrssicherungspflicht des Veranstalters vorliegt, und dass ein Schallpegel-Begrenzer oder Dezibel-Messer hätten vorhanden sein und eingesetzt werden müssen.

Daneben hat sich das Gericht mit der Wirksamkeit eines Haftungsausschlusses beschäftigt: Die Haftung aus der Verkehrssicherungspflicht konnten die Beklagten nicht durch den kleingedruckten Aufdruck auf der Eintrittskarte (S. 7 GA) „keine Haftung für Sach- und Körperschäden" ausschließen.

OLG Karlsruhe (19 U 93/99)

Das Urteil des OLG Karlsruhe wird im Internet sehr häufig zitiert, meist jedoch ohne den Hinweis, dass dieses Urteil der Revision nicht standgehalten hat. Die Schädigung erfolgte bei einem Konzert 1997 in Freiburg (Punk, Hardcore, Grunge). Die Klage vor dem Landgericht wurde auf Grundlage der UVV 121 geführt (später durch die BGV B3 ersetzt, inzwischen gilt die Lärm- und Vibrations-Arbeitsschutzverordnung, siehe Anhang II), also einer Unfallverhütungsvorschrift. Dies hat das Landgericht abgelehnt. Die Berufung stützte sich dann auf die DIN 15905-5.

Das OLG Karlsruhe sah zwar grundsätzlich eine Verkehrssicherungspflicht des Veranstalters, aber keinen Beweis für deren Verletzung. Eine Umkehr der Beweislast sah das Gericht deshalb nicht geboten, weil nach dem Vortrag des Klägers nicht zumindest eine hohe Wahrscheinlichkeit dafür sprach, dass der Schaden durch eine Verletzung der Verkehrssicherungspflicht hervorgerufen wurde. Die Frage, ob die DIN 15905-5 in einem Zelt anzuwenden sei, wurde ausdrücklich offen gelassen.

BGH (VI ZR 142/00)

Bei einer Revision wird keine neue Beweisaufnahme durchgeführt. Die Revisionsinstanz prüft nur, ob das Urteil der Vorinstanz rechtsfehlerfrei ergangen ist. Wenn dies nicht der Fall ist, wird der Rechtsstreit nur dann durch die Revision rechtskräftig entschieden, wenn das Urteil der Vorinstanz auf einem Fehler bei der Anwendung des geltenden Rechts beruht. Ist dagegen der zugrunde liegende Sachverhalt nicht ausreichend ermittelt worden, wird der Rechtsstreit mit Anmerkungen des Revisionsgerichts zu den noch zu klärenden Sachverhaltsfragen an das Gericht der Vorinstanz zurückverwiesen. In diesem Fall wurde an das OLG Karlsruhe zurückverwiesen. (Dies fällte jedoch kein Urteil mehr, weil sich die Parteien zwischenzeitlich außergerichtlich verglichen hatten.)

Neben dem Auftrag, mittels eines Gutachters prüfen zu lassen, ob die DIN 15905-5 auch in einem Zelt anzuwenden sei, präzisierte der BGH den Umfang der Verkehrssicherungspflicht und die sich daraus ergebende Frage der Beweislast mit folgenden Überlegungen:

Im Ansatzpunkt zutreffend geht das Oberlandesgericht von einer Pflicht des Konzertveranstalters aus, Konzertbesucher vor Gehörschäden durch übermäßige Lautstärke der dargebotenen Musik zu schützen ….

Das Berufungsgericht verkennt jedoch den Umfang der dem Beklagten obliegenden Verkehrssicherungspflicht. Es will eine Verletzung dieser Pflicht offenbar erst annehmen, wenn ein übermäßiger Schalldruck festgestellt werden kann. Dem liegt ein zu enges Verständnis der Verkehrssicherungspflicht zugrunde. Auch Maßnahmen, die geeignet sind, eine gesundheitsgefährliche Lautstärke der Musik aufzuzeigen, können insbesondere Bestandteil der notwendigen Vorkehrungen zum Schutz der Konzertbesucher vor Schädigungen und damit Gegenstand der Verkehrssicherungspflicht der Veranstalter sein.

Der Umfang der Verkehrssicherungspflicht wird freilich nicht allein durch DIN-Normen bestimmt. Wie jeder, der eine Gefahrenquelle für andere eröffnet, hat auch der Veranstalter einer Musikdarbietung grundsätzlich selbständig zu prüfen, ob und welche Sicherungsmaßnahmen zur Vermeidung von Schädigungen der Zuhörer notwendig sind; er hat die erforderlichen Maßnahmen eigenverantwortlich zu treffen, auch wenn gesetzliche oder andere Anordnungen, Unfallverhütungsvorschriften oder technische Regeln wie DIN-Normen seine

Sorgfaltspflichten durch Bestimmungen über Sicherheitsmaßnahmen konkretisieren.

Solche Bestimmungen enthalten im allgemeinen keine abschließenden Verhaltensanforderungen gegenüber den Schutzgütern. Sie können aber regelmäßig zur Feststellung von Inhalt und Umfang bestehender Verkehrssicherungspflichten herangezogen werden. Das gilt insbesondere auch für die auf freiwillige Beachtung ausgerichteten Empfehlungen in DIN-Normen des Deutschen Instituts für Normung e. V. Diese spiegeln den Stand der für die betreffenden Kreise geltenden anerkannten Regeln der Technik wider und sind somit zur Bestimmung des nach der Verkehrsauffassung zur Sicherheit Gebotenen in besonderer Weise geeignet.

Die DIN 15905-5 betrifft nach ihrem Urteil „Maßnahmen zum Vermeiden einer Gehörgefährdung des Publikums durch hohe Schalldruckpegel bei Lautsprecherwiedergabe". Sie beinhaltet nicht nur, wie das Berufungsgericht meint, eine Dokumentationspflicht. Ihre weiteren Regelungen könnten vielmehr – worauf die Revision zutreffend hinweist – dahin zu verstehen sein, daß die Messung des Beurteilungspegels den Veranstalter in die Lage versetzen sollte, die „zum Vermeiden einer Gehörgefährdung entsprechenden Maßnahmen zu ergreifen" (Ziff. 4.5 Abs. 3 der DIN 15905-5).

Diese DIN-Norm könnte sich damit als eine technische Regel erweisen, die eine (auch fortlaufende, vgl. Ziff. 2, 3) Messung des Beurteilungspegels vorsieht, um ein als gesundheitsgefährdend angesehenes Überschreiten des Grenzwertes für den Schalldruck (vgl. Ziff. 1 Abs. 3, 3) möglichst zu vermeiden (vgl. Ziff. 4.5 Abs. 3). Sie umfaßt bei einem solchen Verständnis die Pflicht des Musikveranstalters, durch Lärmpegelmessungen in näher bezeichneter Weise, sowie durch deren Aufzeichnung oder Anzeige eine rechtzeitige Herabsetzung des Schalldruckpegels zu ermöglichen und so das in seiner Macht Stehende, zum Schutz der Konzertbesucher vor Gehörschäden durch Überschreitung des Grenzwertes für den Beurteilungspegel, wahrzunehmen.

In diesem Fall wäre der Beklagte seiner Verkehrssicherungspflicht nicht nachgekommen, wenn er nur gelegentliche Messungen mit einem Handmeßgerät, statt in der von der technischen Regel vorgesehenen Weise hat durchführen lassen.

Käme hiernach ein Verstoß des Beklagten gegen eine aus der DIN-Norm abzuleitende Verkehrssicherungspflicht in Betracht, könnte ein Beweis des ersten Anscheins dafür sprechen, daß Schädigungen in örtlichem und zeitlichem Zusammenhang mit der Verletzung der Verkehrssicherungspflicht durch den Pflichtenverstoß verursacht sind.

Dem beklagten Veranstalter bliebe die Erschütterung des Anscheins-beweises vorbehalten; er könnte insbesondere dartun, daß die Schä-den nicht auf die Verletzung der DIN-Norm zurückzuführen sind.

OLG Koblenz (5 U 1324/00)

Das Urteil des OLG Koblenz folgte zwar zeitlich der BGH-Entschei-dung, nicht jedoch inhaltlich: Statt der DIN 15905-5 wurden die Regelungen aus dem Arbeitsschutz zur Grundlage gemacht. Da im gesamten Urteilstext kein Hinweis auf diese technische Regel zu finden ist, liegt die Vermutung nahe, dass keiner der Prozessbetei-ligten die DIN-Norm gekannt hat.

Interessant an diesem Fall – 13 Jahre alte Geschädigte nach dem Konzert einer Boy-Group – sind insbesondere die Passagen zur Mit-haftung des Hallenbetreibers und der Techniker. Die Mithaftung des Hallenbetreibers wird klar bejaht:

Die Beklagte zu 1 (Betreiber der Versammlungsstätte, Anm. d. Verf.) hat jedenfalls deshalb für den Schaden der Klägerin einzustehen, weil sie durch die Bereitstellung eigener Räume bewusst ermöglichte, dass das erkennbar auf große Lautstärken angelegte Konzert stattfin-den konnte, ohne gleichzeitig ausreichende Sicherungsvorkehrungen zu treffen.

...

Die Beklagte zu 1 ließ den Dingen letztlich nur ihren Lauf.

Eine Haftung der Techniker wird zumindest im Außenverhältnis nicht gesehen:

Es entlastet die Beklagte zu 2 (Veranstalter, Anm. des Verf.) nicht, dass sie, wie sie behauptet, die Musikanlage nach den Vorgaben der „Boy-Group" nicht selbst, sondern durch die Firma H... aufbauen ließ, die als erfahren und sachkundig galt, und sich, was die Beschal-lungstechnik anbelangt, auf die technische Konzeption der H... & P... GbR stützen konnte.

LG Nürnberg-Fürth (6 O 4537/03)

Am sogenannten Bon-Jovi-Urteil sind insbesondere die Passagen zur Übertragung der Verkehrssicherungspflicht interessant: die Beklag-ten hatten erklärt, diese an den Tontechniker von Bon Jovi übertra-gen zu haben. Die Ausführungen des LG Nürnberg-Fürth basieren auf einer Entscheidung des BGH zu einem anderen Fall und können somit als herschende Rechtsprechung betrachtet werden:

Beide Beklagten waren Veranstalter des in Rede stehenden Konzertes und gegenüber den Konzertbesuchern verkehrssicherungspflichtig.

...

Die Beklagten selbst haben ... keinerlei Maßnahmen getroffen, die geeignet waren, um die ihnen obliegenden Verkehrssicherungspflichten zu erfüllen. Die Beklagten berufen sich auf die Übertragung der ihnen obliegenden Verkehrssicherungspflichten auf einen Dritten (Tontechniker von Bon Jovi, Anm. d. Verf.). *Dieser Einwand bleibt ohne Erfolg.*

Die Übertragung der Verkehrssicherungspflicht auf einen Dritten ist zwar grundsätzlich zulässig. Sie bedarf jedoch klarer Absprachen, die die Sicherung der Gefahrenquelle zuverlässig garantieren. Erst dann verengt sich die Verkehrssicherungspflicht des ursprünglich allein Verantwortlichen auf eine Kontroll- und Überwachungspflicht (BGH NJW 1996, 2646).

Im Falle der wirksamen Übertragung der Verkehrssicherungspflicht hätten sich die Sorgfaltspflichten der Beklagten auf die Auswahl und Überwachung des Dritten verengt. Bei der Auswahl des Dritten hat sich der Geschäftsherr – hier die Beklagten – zu überzeugen, dass der Dritte die Fähigkeiten, Eignung und Zuverlässigkeit besitzt, die zur Erfüllung der übernommenen Verpflichtung erforderlich ist.

Die Beklagten haben die ihnen im Rahmen der Verkehrssicherungspflicht obliegende Überwachung an die Musiker bzw. deren Tontechniker und damit auf die Gefahrenquelle selbst übertragen. Der ausgewählte Dritte war daher aufgrund seiner Stellung als „Lärmverursacher" bzw. als in deren Lager Stehender schon objektiv nicht geeignet, die den Beklagten obliegende Verkehrssicherungspflicht zu erfüllen.

Fazit: Die Verkehrssicherungspflicht kann der Veranstalter also nicht irgendwem übertragen, sondern er hat sich davon zu überzeugen, dass dieser Dritte die erforderliche Fähigkeiten, Eignung und Zuverlässigkeit besitzt. Bei einer wie in diesem Fall vorliegenden Interessenkollision auf Seiten des Tontechnikers ist dessen Eignung eben nicht gewährleistet.

Selbst dann wäre der Veranstalter von seiner eigener Verantwortung (Haftung) noch nicht freigestellt, sondern hätte den Dritten immer noch zu kontrollieren und zu überwachen. Dies und das „Lagerdenken" des Gerichts legen es nahe, sich für solche Aufgaben der Hilfe unabhängiger und entsprechend spezialisierter Fachfirmen zu bedienen.

LG Hamburg (318 O 281/02)

Das Urteil des LG Hamburg – Schädigungsfall war ein Rockkonzert in einer Hamburger Discothek – hinterlässt einen zwiespältigen Eindruck. Einerseits stellt das Gericht klar, dass eine Haftung des Veranstalters nicht gegeben sei, wenn der Richtwert nach DIN 15905-5 eingehalten wird, und weist die Klage folgerichtig ab. Hier trägt das Urteil zur Rechtssicherheit bei.

Die Einhaltung der Grenzwerte wurde hier mittels eines Gutachtens festgestellt, dessen Plausibilität sehr beschränkt ist (um es einmal ganz vorsichtig zu formulieren): Jahre nach dem Konzert untersuchte der Gutachter die (angeblich unveränderte) Beschallungsanlage und stellte fest, dass ein Dauerschallpegel von 97 dB am lautesten Punkt nicht hätte überschritten werden können. Da ohne Kenntnis des Signals nicht auf einen Dauerschallpegel geschlossen werden kann, dürfte bei Richtigkeit dieser Behauptung der Maximalpegel am lautesten Punkt der Discothek 97 dB nicht überschreiten. Dabei ist zu berücksichtigen, dass zwar Limiter eingesetzt wurden, diese aber nur auf den Schutz der Lautsprecher justiert wurden. Der Pegel von 97 dB wurde dergestalt ermittelt, dass ein Signal in die Anlage eingespeist und ermittelt wurde, ab wann Verzerrungen auftreten.

Nach Auffassung des Gutachters kann nicht davon ausgegangen werden, dass zum Zweck der Beeindruckung des Konzertpublikums mit lauter Musik die Tontechniker der Musikgruppe es hingenommen haben könnten, dass die Musikdarbietung in ihrem Klang verzerrt werden würde. Denn dies hätte sicher auch ein durch große Lautstärke der Musik beeindrucktes Konzertpublikum nicht kritiklos hingenommen. Es hätte dem Renommee der Musikgruppe geschadet ....

Fazit der Rechtsprechung, kurz und auch für juristische Laien verständlich zusammengefasst:

- Wer eine Gefahr für andere schafft, hat grundsätzlich selbst zu prüfen, welche Sicherheitsvorkehrungen nötig sind und diese eigenverantwortlich zu treffen. Dies gilt auch und insbesondere im Veranstaltungsbereich, wenn nach dem Veranstaltungscharakter davon auszugehen ist, dass Gesundheitsschäden nicht auszuschließen sind.

- Sofern es für den jeweiligen Fall Vorschriften oder Normen gibt, präzisieren diese Inhalt und Umfang der Verkehrssicherungspflichten. Es ist aber durchaus möglich, dass darüber hinaus weitere Sicherheitsvorkehrungen nötig sind.

- Der Veranstalter hat bestehende DIN-Normen zu beachten und umzusetzen, ansonsten trifft ihn die Pflicht zu beweisen, dass er nicht für den fraglichen Schaden verantwortlich ist.

- Die Rechtsprechung sieht bei Gesundheitsschäden die Verkehrssicherungspflicht klar beim Veranstalter und ggf. beim Betreiber der Veranstaltungsstätte. Diese sollten auf jeden Fall normgerechte Messungen durchführen oder durchführen lassen.

- Eine gewisse Missbrauchsanfälligkeit kann nicht vollständig ausgeschlossen werden, insbesondere vor dem Hintergrund, dass solche Angelegenheiten inzwischen meist per Vergleich bereinigt werden, was aber auch ein deutliches Indiz sein kann, dass sich viele Veranstalter und Betreiber erst zu spät mit den jeweils spezifischen Anforderungen an ihre Verkehrssicherungspflicht beschäftigen, nämlich erst dann, wenn ein (behaupteter) Gesundheitsschaden eingetreten ist.

Praxis 4

DIN 15905-5 – Aus Sicht der Betreiber 4.1

von Mike Keller

Die DIN 15905-5 hat das Ziel, Besucher von Veranstaltungen vor zu hohen Lautstärkepegeln zu schützen. Hierfür ist ein Richtwert von 99 dB(A) festgelegt worden, der sich an den Vorgaben des Bundesgesundheitsministers sowie dem Arbeitsschutz orientiert hat.

Für Betreiber von Veranstaltungsorten ist es sehr wichtig, zufriedene Kunden zu haben und Rahmenbedingungen zu haben, die dem Stand der Technik entsprechen – sowohl für Besucher, als auch für Veranstalter sowie Mitarbeiter.

Die Erwartungshaltung von Besuchern an den „Sound" ist subjektiv und das Klangempfinden hängt von vielen individuellen Faktoren ab – genauso wie sich die Ursachen von einem Tinnitus sich nicht alleine auf zu hohe Lautstärken zurückführen lassen; dazu gibt es leider noch zu wenige medizinische Erkenntnisse. Unbestritten ist allerdings, dass zu hohe Lautstärken die feinen Haarzellen im Innenohr irreparabel zerstören können.

Sicher ist auch, dass Veranstalter oder Betreiber verklagt werden können, wenn sie im Schadensfall nicht die Einhaltung dieses Grenzwertes nachweisen können.

Da sich nicht nachweisen lässt, ob ein geschädigter Besucher vor oder nach der Veranstaltung mit anderen überhöhten Lautstärken in Kontakt gekommen ist (z. B. Disco, Hifi-System, MP3-Player etc.) oder andere Ursachen (Stress, Vorerkrankungen etc.) verantwortlich sind, bleibt derzeit nur die Überwachung und Protokollierung der Pegel vor Ort, um eine Schädigung bei der Veranstaltung nachweislich auszuschließen.

Hier setzt die neue DIN an und erklärt, was beim Einsatz von Beschallungssystemen zu beachten ist.

Wie bei der VStättVO stellt sich für Betreiber zuerst die Frage, wer letztendlich – im Schadensfall – ist verantwortlich im Falle einer Überschreitung der Grenzwerte:

• der Betreiber, der sein Gebäude vermietet hat?

• der Veranstalter, der über ein kompliziertes Vertragsverhältnis keinen direkten Zugriff auf die Lautstärke hat?

• der Techniker, der die Anlage bedient?

Was kann man tun, um seine Sorgfaltspflicht weitestgehend zu erfüllen und einen möglichen Schaden für die Besucher abzuwenden? Reichen eine deutlich sichtbare Beschilderung und eine Ausgabe von Gehörschutz zum Selbstkostenpreis in den Eingangsbereichen aus?

Auch die Frage nach den Kosten für die Investitionen von Messsystemen ist zu stellen.

Hier stellt sich für Betreiber die Frage nach dem ROI (Return of Investment). Dieser ließe sich z. B. errechnen aus einer anteiligen und angemessenen Weiterberechnung an Veranstalter, sofern diese bereit sind, dafür zu bezahlen; hierbei dürfen allerdings weitere laufende Kosten (insbes. Wartung, Schulungen) nicht unberücksichtigt bleiben. Diese Kostenaufteilung muss dem Betreiber bewusst sein.

Sollte eine Hausbeschallung fest installiert sein, empfiehlt sich der Kauf. Bei mobilen Beschallungssystemen ist der Kauf evtl. ungünstig, da ständig wechselnde Systeme auch immer neue Messungen nötig machen. Bei Veranstaltungsorten mit vielen wechselnden Veranstaltungen (und damit unterschiedlichsten Beschallungssystemen) kann es von Vorteil sein, diese Verantwortung an den Veranstalter zu übertragen und mit einem mobilen Messsystem zu arbeiten.

Auch der operative Einmessvorgang am Veranstaltungstag sowie die Überwachung der Pegel müssen eingeplant werden – das Einmessen kann nur von eingewiesenen Mitarbeitern des Betreibers gemacht werden. Solche Leistungen lassen sich übertragen, nehmen aber Zeit für andere wichtige Dinge. Die Überwachung und das Einhalten der Pegel müssen trotzdem auf den Veranstalter übertragen werden, da dieser i. d. R. für die Lautstärke verantwortlich ist.

Die Verantwortung ist das Kernthema für alle Beteiligten.

Ähnlich wie bei der VStättVO sind die Verantwortlichkeiten oft auf mehrere verteilt und der Einfluss des Betreibers, der den Veranstaltungsort vermietet, ist häufig begrenzt.

In Europa gibt es derzeit unterschiedliche Regelungen – eine einheitliche Norm ist nicht in Sichtweite –, eine wirtschaftliche Benachteiligung deutscher Standorte ist möglich: z. B. wenn internationale Künstler den Ort auswählen, wo am wenigsten Konflikte mit überhöhten Lautstärken zu erwarten wären (z. B. in Frankreich mit 105 dB(A)). In der Schweiz hingegen wird schon seit längerem mit einem Grenzwert von 95 dB(A) gearbeitet.

Es wäre wünschenswert, wenn alle Beteiligten in der Zukunft mit den Erfahrungen, die sich aus dieser Norm ergeben, konstruktiv und kreativ umgehen, indem z. B. neue Beschallungs- oder Akustikkonzepte entwickelt werden, denn am Ende geht es um die Gesundheit von Menschen.

Der Umgang mit DIN 15905-5 im SWR   4.2

von Werner Grabinger

Der Südwestrundfunk (SWR) tritt bei einer ganzen Reihe von Konzerten und ähnlichen Events, bei denen auch Beschallungssysteme zum Einsatz kommen, als Veranstalter bzw. Mitveranstalter auf. Im Rahmen der Verkehrssicherungspflicht sind alle veranstaltenden Programmbereiche angehalten, sich auch um den Schutz des Publikums vor überhöhter Lautstärke zu sorgen. Ziel ist es, eine etwaige Gehörgefährdung des anwesenden Publikums zu reduzieren. Hierzu wurden an den einzelnen Standorten Mess-Systeme der Fa. db-mess beschafft, mit deren Hilfe die durch die DIN 15905-5 vorgegebenen Richtwerte überwacht und in einem normgerechten Messprotokoll festgehalten werden. Eine ganze Reihe von Technikern, hauptsächlich im Bereich der Außenübertragung in Hörfunk und Fernsehen, wurde hierfür im Umgang mit dem Messgerät geschult.

Bereits bei Abschluss der Verträge mit den auftretenden Künstlern wird auf die einzuhaltenden Richtwerte verpflichtend hingewiesen. Für die Kommunikation mit den von den Bands mitgebrachten Beschallungstechnikern gibt es ein eigenes Informationsschreiben in deutscher und englischer Sprache, welches über die Verpflichtung zur Einhaltung der maximalen Lautstärke aufklärt und auch die Weisungspflicht des mit der Messung beauftragten Kollegen klarstellt.

In den meisten Fällen klappt die Zusammenarbeit mit den Technikern am Mischpult sehr gut, es gibt eine aktive Rückmeldung bereits beim Soundcheck, so dass alle Beteiligten sich auf die Situation „einschießen" können. In seltenen Fällen muss dann etwas nachdrücklicher auf eine Reduzierung der Gesamtlautstärke gedrängt werden, was meist unter Einbeziehung des zuständigen Produktionsleiters geschieht. So kann nach unserer Erfahrung eine direkte Eskalation im Ernstfall besser vermieden werden.

Bei den meisten Veranstaltungen werden inzwischen fast ausschließlich Line-Array-Anlagen eingesetzt, lediglich bei Fernsehshows mit überwiegendem Wortanteil wird eine Flächen-Beschallung eingesetzt, da hier meist mit Ansteckmikrofonen gearbeitet wird, die bei möglichst geringer Lautstärke gleichmäßig über dem Publikumsbereich beschallt werden müssen. In der Regel sind hier keine DIN-Norm-relevanten Lärm-Dosen dauerhafter Musikdarbietungen zu erwarten, so dass eine Messung durchaus unterbleiben kann.

Bei allen anderen SWR-Veranstaltungen mit Musikbeschallung wird eine Messung nach den technischen Vorgaben der DIN-Norm durchgeführt, die Protokolle an zentraler Stelle archiviert.

Bei Line-Arrays muss bei Bedarf der lauteste Punkt im Publikumsbereich nicht unbedingt in der Nähe der Bühne sein, es empfiehlt sich, mit einem tragbaren Schallpegelmesser den Versorgungsbereich bei abgestrahltem Rauschsignal abzuschreiten und so den „bestversorgten" Punkt zu finden.

Letztendlich muss für die Systemeinmessung ein eigenes Zeitfenster im Vorfeld der Veranstaltung eingeplant sein, um die notwendige Ruhe hierfür zu haben und eine Belästigung anderer Fachbereiche beim Aufbau zu vermeiden.

Nicht unkritisch ist bei manchen Konzerten der von der Bühne kommende Schallpegel, verursacht durch Monitoring, Sidefills oder Instrumentenverstärker. Durch Verhandlungen mit den Musikern lässt sich die Situation oftmals aber durch Veränderung der Abstrahlrichtung von Gitarrenverstärkern (z. B. weg vom Publikum, quer über die Bühne) sowie den Einsatz von In-Ear-Monitoring deutlich verbessern.

Die Organisatoren der jeweiligen Veranstaltungen (Redakteure, Produktionsleiter) sind auch angehalten, der Informationspflicht des Publikums vor möglichen Gefahren für das Gehör bei den zu erwartenden Lautstärken (> 85 dB bzw. 95 dB) nachzukommen, sei es durch Aufdruck auf der Eintrittskarte, Aushang im Eingangsbereich oder Ansage vor der Veranstaltung so, wie es in der DIN-Norm vorgesehen ist. Auch wird Gehörschutz zur Verwendung angeboten.

Als weitere Schutzmaßnahme wird auf die Verpflichtung hingewiesen, einen Bereich von mindestens zwei Metern vor den Lautsprecherboxen abzuschranken, wenn diese im Bühnenbereich aufgestellt sind.

Es ist als Erfolg zu verzeichnen, dass bei Großveranstaltungen wie SWR3 „New-Pop-Festival", SWR3 „Pop im Hafen", SWR4 „Tour de Ländle" u. a. die gemessenen Beurteilungspegel tatsächlich unter den Richtwerten lagen.

Der SWR wird hier einer gewissen Vorbildfunktion gerecht, der sich inzwischen auch andere öffentlich-rechtliche Rundfunkanstalten angeschlossen haben.

(Dieser Text wird so den Künstlern ausgehändigt, die beim SWR auftreten)

Lautstärkebegrenzung bei Veranstaltungen mit Publikum

von Bertram Bittel

Der SWR hat im Rahmen der gesetzlich vorgegebenen Verkehrssicherungspflicht dafür Sorge zu tragen, dass bei seinen Veranstaltungen niemand zu Schaden kommt. Hierzu zählt auch, die Einhaltung der DIN 15095-5 sicherzustellen, in der zum Schutz des Publikums die maximal zulässigen Lautstärken bei Veranstaltungen festgelegt sind.

Die DIN 15095-5 schreibt vor, dass an dem Zuhörerort, an welchem der höchste Schalldruckpegel zu erwarten ist, der A-bewertete Dauerschallpegel (Mittelwert) bei einer Veranstaltung L_{Aeq} = 99 dBA nicht überschreiten darf.

Um die Werte zu ermitteln, werden Messreihen von je 30 Minuten Dauer (erste und zweite Hälfte einer vollen Stunde) gestartet, die einzelnen Ergebnisse dürfen jeweils einen gemittelten Pegel von 99 dBA L_{Aeq} nicht überschreiten; bei kürzeren Veranstaltungen kann ersatzweise auch der Durchschnittspegel über einen Zeitrahmen von 120 Minuten herangezogen werden, auch hier gilt dann der Richtwert L_{Aeq} = 99 dBA.

Außerdem ist zu beachten, dass kurze Spitzenschalldruckpegel keinesfalls 135 dBC überschreiten dürfen.

Zur Einhaltung der Norm muss über die gesamte Dauer der Veranstaltung der Lautstärkeverlauf gemessen und protokolliert, die Lautstärke entsprechend begrenzt werden.

Das die Messung durchführende Personal wurde in die DIN-Norm eingewiesen und ist mit einer geeigneten Messeinrichtung ausgestattet.

Das Beschallungspersonal des SWR oder vom SWR zur Beschallung beauftragte Dritte haben dafür Sorge zu tragen, dass bei jeder Veranstaltung mit Publikum die erforderlichen Sicherheitsmaßnahmen getroffen werden, insbesondere die DIN 15095-5 eingehalten wird.

Der Lautstärkepegel darf daher zu keiner Zeit der Veranstaltung die zulässigen Richtwerte überschreiten.

Der SWR, seine Mitarbeiter und Beauftragten sind Ihnen gegenüber vertraglich berechtigt, auf etwaige Überschreitungen hinzuweisen und die erforderlichen Sicherheitsmaßnahmen zu ergreifen. Der SWR, seine Mitarbeiter und Beauftragten sind Ihnen gegenüber weisungsbefugt. Den Weisungen müssen Sie Folge leisten.

4.3 Schallpegelmessung im Metronom-Theater

von Andreas Stiewe, Technischer Leiter Metronom-Theater

Für die Produktion „Die Schöne und das Biest" hat das Metronom-Theater in Oberhausen im Dezember 2005 eine Schallpegelmessanlage „dBmess Theater" beschafft. Diese hat den Beurteilungspegel nach DIN 15905-5 in der Fassung vom Oktober 1989 gemessen. Da bei diesem Musical keine besonders hohen Pegel zu erwarten sind, lag der Zweck dieser Anlage eher in der Dokumentation des Schallpegels. Das Messsystem wurde im Radioraum eingerichtet, der dortige Mitarbeiter hat neben zahlreichen drahtlosen Mikrofonen auch den Schallpegel überwacht. Wären dabei zu hohe Pegel gemessen worden, wäre der Tontechniker am FOH mittels InterCom darauf hingewiesen worden. Zu hohe Pegel sind jedoch nicht aufgetreten.

Im Jahr 2007 kam die Blue Man Group nach Oberhausen. Es handelt sich dabei nicht um ein Musical im klassischen Sinn, sondern um mit Musik untermaltes pantomimisches Theater. Dabei treten auch merklich höhere Schallpegel auf als beim klassischen Musical, sodass das Thema Lärmbelastung besondere Bedeutung gewinnt – dies jedoch nicht nur beim Publikumsschutz (nach DIN 15905-5), sondern auch beim Schutz der Beschäftigten (BGV B3, später LärmVibrationsArbSchV).

Der Schutz des Publikums wird nach wie vor mittels einer Messung und Begrenzung des Schallpegels nach DIN 15905-5 erreicht. Das System „dBmess Theater" wurde mittels eines Software-Updates aktualisiert, der Beurteilungspegel wird nun nach der Fassung vom November 2007 ermittelt. Da bei der Blue Man Group keine Gesangsstimmen vorkommen, gibt es auch keinen Radioraum. Schon von daher wäre es nicht möglich gewesen, die Schallpegelmessanlage dort unterzubringen. Zudem ist bei einer vergleichsweise lauten Show auch nötig, dass der Tontechniker am FOH jederzeit den gefahrenen Pegel im Blick hat, um sich so selbst kontrollieren zu können.

Wie auch schon bei den vorangehenden Produktionen wurde das Messmikrofon (früher zwei Messmikrofone) von der Decke im Publikumsraum abgehangen, sodass es mit ausreichendem Abstand zum Publikum wenige Meter vor den Line-Array-Systemen hängt. Da sehr leichte Messmikrofone zum Einsatz kommen, können diese problemlos am Mikrofonkabel abgehangen werden und benötigen keine zusätzliche Sicherung. Die Pegelunterschiede zum maßgeblichen Immissionsort werden mit Korrekturwerten ausgeglichen. Zur Erzielung höchstmöglicher Genauigkeit werden dabei oktavgemittelte und breitbandige Korrekturwerte kombiniert.

Neben dem Publikumsschutz ist auch der Schutz der Beschäftigten nach LärmVibrationsArbSchV sicherzustellen. Während bei anderen Beschäftigten der Einsatz im Lärmbereich vermieden werden konnte oder das Problem mit persönlichen Schallschutzmitteln gelöst werden konnte, schieden bei den Tontechnikern am FOH diese beiden Lösungswege aus. Da Tontechniker für die Ausübung ihres Berufs auf ihr Gehör angewiesen sind, kommt dessen Schutz eine ganz besondere Bedeutung zu.

Eine besondere Belastung resultiert auch daraus, dass neben der Show auch noch ein Soundcheck durchzuführen ist und dass an manchen Tagen mehrere Shows aufgeführt und bisweilen auch vom selben Tontechniker gemischt werden. In Absprache mit der Berufsgenossenschaft wurde hier die Wochendosis als 500 % der Tagesdosis zum Maßstab genommen. So ist es möglich, dass an einzelnen Arbeitstagen die Belastung auch schon mal knapp über der zulässigen Tagesdosis liegt, solange an den anderen Tagen der Woche die Belastung entsprechend gering ist.

Zusätzlich zur Messung des Beurteilungspegels nach DIN 15905-5 nimmt die Messanlage nun auch eine Messung nach LärmVibrationsArbSchV vor. DIN 15905-5 sah in der alten Fassung eine Messung mit zwei Mikrofonen vor, so dass die Messanlage zweikanalig ausgelegt ist. Da die Neufassung nur noch ein Mikrofon erfordert, wird nun der zweite Kanal frei für einen anderen Einsatzzweck – in diesem Fall der Messung des Pegels am FOH. Dazu wird das Mikrofon in unmittelbarer Nähe des Tontechnikers aufgestellt, eine Ersatzimmissionsortmessung ist an dieser Stelle nicht erforderlich.

Für diesen Einsatzzweck wurde die Software des Messsystems um eine Funktion erweitert, die zusätzlich zu den Werten nach DIN 15905-5 auch die Dosis am FOH anzeigt, bezogen auf die zulässige Tagesdosis. Der Tontechniker ermittelt nun die Dosiswerte in Prozent für alle vom ihm gemischten Shows und Soundchecks und summiert diese über die Woche auf. Das Ergebnis muss dabei unter der zulässigen Wochendosis von 500 % liegen. Zur einfachen Dokumentation wird diese Dosis auch in das Protokoll der Messung nach DIN 15905-5 übertragen und mit diesem archiviert.

4.4 Mischen bei 99 dB

In der Vergangenheit sind bei vielen Veranstaltungen Beurteilungspegel deutlich über 99 dB aufgetreten (sonst wäre eine Norm wie DIN 15905-5 ja auch überflüssig) und haben die Arbeitsgewohnheiten der Tontechniker wie auch die Hörgewohnheiten des Publikums bestimmt. Ein Richtwert von 99 dB kann somit eine gewisse Herausforderung sein. Deshalb sollen nun einige Tipps gegeben werden, wie man trotz einer solchen Beschränkung einen druckvollen und vom Publikum akzeptierten Sound machen kann. Vorab: 99 dB $L_{eq\,(A)}$ sind nicht wenig, damit können auch lautere Musikrichtungen auskommen, sofern keine größeren Fehler gemacht werden. Selbst 95 dB sind bei vielen Veranstaltungen genug.

Einrichten der Beschallungsanlage

Der Beurteilungspegel ist für den maßgeblichen Immissionsort zu ermitteln, also den lautesten Punkt im Publikumsbereich. Bei der Einrichtung der Beschallungsanlage ist darauf zu achten, dass die gesamte Publikumsfläche möglichst gleichmäßig beschallt wird, sodass ein adäquater Pegel nicht nur auf ein paar Quadratmetern, sondern überall erreicht wird.

Für vorübergehend aufgebaute Beschallungsanlagen kann es als Zielwert gelten, dass im eigentlichen Publikumsbereich der Unterschied zwischen dem lautesten und dem leisesten Publikumsplatz nicht mehr als 10 dB beträgt. Bei fest eingebauten Beschallungsanlagen (bei denen man mehr Zeit für die Abstimmung hat) sollte der Unterschied nicht mehr als 5 dB betragen.

Für eine gleichmäßige Beschallung sind geflogene Systeme erforderlich. Line-Array-Systeme sind nicht zwingend nötig, jedoch sind die Systeme sorgfältig abzustimmen, sodass die oberen Systeme höhere Pegel abgeben als die unteren. Mit Hilfe von Berechnungsprogrammen, die von den meisten Herstellern moderner Beschallungssysteme zur Verfügung gestellt werden, oder mit Hilfe von universellen Simulationsprogrammen (beispielsweise EASE) kann die Schallfeldverteilung vorab simuliert und dadurch optimiert werden.

Die Plätze direkt vor der Bühne werden von geflogenen Systemen meist nur sehr schlecht erreicht, sodass hier sogenannte Nearfills eingesetzt werden. Diese befinden sich häufig nahe am Publikum und erzeugen somit leicht Hot-Spots, also hohe Pegel an nur wenigen Plätzen. Solche Hot-Spots können vermieden werden, wenn der Abstand zum Publikum etwas erhöht wird. Günstig sind auch Systeme, die auf hohen Bühnen stehen und quasi über die ersten Reihen hinweg „schießen". Hilfreich ist es meistens auch, solche Nearfills möglichst breit zu verteilen: Lieber viele leisere Systeme als wenige lautere. Gegebenenfalls müssen die Nearfills im Pegel um ein paar dB abgesenkt werden.

Vor allem bei kleinen Bühnen ist die Bühnenlautstärke häufig ein Problem. Hier ist vor allem darauf zu achten, dass die Instrumentenverstärker nicht direkt ins Publikum strahlen, sondern zum Künstler, der sich ja auch selbst hören muss. Die sogenannte Kniekehlenbeschallung führt sowohl zu unnötig hohen Pegeln im Publikum als auch zu höherer Lautstärke auf der Bühne, da das Instrument dem Musiker noch mal auf den Monitor gegeben werden muss.

Bei großen Versammlungsstätten, insbesondere bei großen Open-Air-Veranstaltungen, reicht die Haupt-PA nicht aus, um die gesamte Publikumsfläche zu beschallen, es müssen hier Delay-Systeme eingesetzt werden. Auch diese Delay-Stacks sollten geflogen und so ausgerichtet werden, dass keine Hot-Spots entstehen. Tendenziell darf es nach hinten auch etwas leiser werden – wer die „volle Dröhnung" benötigt, geht automatisch nach vorne.

Bei großen Versammlungsstätten sind auch die Subbässe häufig ein Problem bezüglich 135 dB $L_{(C)peak}$. Hier sollte es helfen, diese Boxen über die gesamte Bühnenbreite zu verteilen, statt daraus zwei große Stacks zu bilden. Der Einsatz eines Peak-Limiters ist häufig nicht zu vermeiden.

Planung des Veranstaltungsablaufs

Wird das Gehör längere Zeit hohen Pegeln ausgesetzt, dann wird es unempfindlicher. Diesen Effekt nennt man temporäre Vertäubung, und er führt dazu, dass im Laufe einer Veranstaltung der Pegel üblicherweise ein paar dB zunimmt. Dies sollte von Anfang an berücksichtigt werden.

Zudem wird der Programmteil eines Live-Künstlers lauter sein als die Musik von einem Tonträger („Pausenmusik") oder eine Moderation, und der Top-Act wird lauter sein als die Vorgruppe. Auch dies sollte im Vorfeld bedacht werden: Wenn man eine Veranstaltung zu laut beginnt, wird man am Ende große Schwierigkeiten haben, den Richtwert einzuhalten. Von daher muss der Pegel auch bei Programmteilen beschränkt werden, in denen er weit unterhalb des Richtwerts liegt.

Moderation

Für die Einlassmusik ist ein Beurteilungspegel von 80 dB völlig ausreichend, je nach Art der Veranstaltung dürfen es auch ein paar dB weniger sein. Wird das Publikum von einem Moderator „angeheizt", dann reicht dafür üblicherweise ein Pegel von etwa 6 dB über der Einlassmusik. Manche Moderatoren brüllen ab und an in das Mikrofon und erzeugen dabei höhere Pegel als günstig wäre. Das führt nicht nur zu höheren Mittelungspegeln, sondern gewöhnt das Publikum auch noch unnötig früh an hohe Pegelspitzen. Von daher sollten die Mischpultkanäle von solchen Moderatorenmikrofonen stets mit einem Kompressor versehen werden, der solche hohen Signalspitzen abfängt (Ratio etwa 4:1, Threshold ein paar dB über dem normalen Pegel).

Moderatoren sollten das Publikum auch nicht zum Brüllen oder Pfeifen auffordern („welche Seite ist lauter?"), da man damit stark die temporäre Vertäubung beim Publikum fördert – Stimmung im Publikum erreicht man ebenso gut durch körperliche Aktionen (La-Ola-Welle o. Ä.).

Vorgruppe

Die Vorgruppe wird deutlich lauter als die Pausenmusik und die Moderation sein. Es spricht jedoch einiges dafür, dieses „deutlich" nur so laut zu machen, dass auch für den unaufmerksamen Teil des Publikums der neue Programmpunkt deutlich wahrnehmbar ist – es erfolgt ohnehin binnen Sekunden eine Gewöhnung an den neuen Pegel. In der Praxis misst man oft einen Pegelsprung von etwa 10 bis 12 dB, der an dieser Stelle gar nicht erforderlich wäre: Mit etwa 6 bis 8 dB erreicht man ebenso viel Aufmerksamkeit. Zusätzlich kann man die Musik deutlich basslastiger werden lassen (aber Reserven für den Top-Act lassen ...).

Spielen mehrere Vorgruppen, dann sollten diese jeweils etwa 2 bis 3 dB lauter anfangen – oder umgekehrt formuliert: Die anfangenden Künstler müssen entsprechend leiser sein. Wichtig ist dabei insbesondere, dass in den Umbaupausen der Pegel wieder stark zurückgenommen wird.

Längere Sets

Wenn ein Künstler ein Set von mehr als 30 Minuten spielt, dann sind üblicherweise ruhigere und weniger ruhige Titel gemischt. Für Letztere wird man ein paar dB zugeben müssen, die Reserven dafür schafft man sich, indem man bei den ruhigen Titeln den Pegel deutlich zurücknimmt: Balladen kommen auch noch bei 80 bis 85 dB an. Durch solch niedrige Pegel reduziert man nicht nur den über eine halbe Stunde gemittelten L_{eq}, sondern gewöhnt das Publikum auch wieder etwas an niedrigere Lautstärken. Aus demselben Grund sollten die Ansagen zwischen den Titeln deutlich leiser sein.

Wenn erkennbar wird, dass man pegelmäßig nicht anders hinkommt, dann reduziert man jede Minute den Gesamtpegel um etwa 0,3 bis 0,5 dB. Das fällt dem Auditorium niemals auf, schafft aber — über eine viertel Stunde hinweg betrieben — die Reserven für die nächste wahrnehmbare Lautstärkesteigerung.

Am Mischpult

Dem Tontechniker am Mischpult kommt die Aufgabe zu, einen gut klingenden Sound zu mischen, dessen subjektive Lautstärke von der überwiegenden Mehrheit als adäquat empfunden wird, dessen Beurteilungspegel jedoch trotzdem unter dem Richtwert liegt.

Signal nicht totkomprimieren

Entgegen landläufiger Meinung ist dabei nicht der Limiter das Werkzeug der Wahl. Der subjektive Lautstärkeeindruck hängt offensichtlich deutlich mehr an den Impulsspitzen als am energieäquivalenten Mittelungspegel. Aus diesem Grund klingt Live-Musik auch lauter als Konservenmusik mit gleichem L_{eq}.

Limiter sollten dazu verwendet werden, um den Richtwert von 135 dB L_{Cpeak} einzuhalten und um die Lautsprecher vor Überlastung zu schützen. Ansonsten haben sie zumindest in der Signalsumme und auf der Schlagzeuggruppe nichts verloren.

Kompressoren auf einzelnen Instrumenten wie Gitarren oder Keyboards sind dann hilfreich, wenn der Musiker die Pegelverhältnisse nicht im Griff hat (beispielsweise bei der Umschaltung von Effekten) oder als „Notbremse" (Vermeidung von exzessiven Pegeln), ansonsten dienen sie eher der Klangbearbeitung denn der Pegelbeschränkung.

Ähnliches gilt in den Gesangsstimmen: Manche Sänger neigen gelegentlich zu heftigen Pegelsprüngen. Diese sind zwar künstlerisch gewollt, fallen aber häufig viel zu stark aus: Ob der Sprung nun 10 oder 15 dB beträgt, wird das Publikum kaum unterscheiden, es ist aber in der Messung deutlich sichtbar. Hier kann man die Signalstimme mit einem Kompressor etwas „an die Leine" nehmen. Aber auch hier gilt wieder, dass diese Pegelspitzen nicht völlig wegkomprimiert werden dürfen, da an ihnen der Lautstärkeeindruck und der Live-Charakter der Musik hängen, man sollte lediglich Übertreibungen vermeiden.

Verzerrt klingt lauter

Von zwei ansonsten gleichen Signalen mit gleichen L_{eq} wird das mit dem höheren Klirrfaktor lauter klingen. Oder umgekehrt formuliert: Die bessere (weil klirrärmere) Anlage macht mehr Schwierigkeiten bei der Pegelbegrenzung.

Bei Musikrichtungen, bei denen Lautstärkeeindruck vor Klangqualität geht, kann man gezielt für leichte Verzerrungen sorgen, um eine hohe subjektive Lautstärke bei Pegeln unterhalb des Richtwerts zu erhalten. Dafür eignen sich insbesondere Instrumente, bei denen Verzerrungen besonders auffallen, insbesondere somit Gesangsstimmen. (Am Rande: Anhänger dieser Musikrichtungen hören oft Musik über bis zum Anschlag aufgedrehte Autoradios oder mobile Musikabspielgeräte, verzerrte Musik entspricht somit deren Hörgewohnheiten.)

Bass macht Spaß

Tragbare Musikabspielgeräte können keine hohen Basspegel wiedergeben. Für das richtige „Live-Feeling" ist ein hoher Tiefbassanteil sehr hilfreich und aufgrund der A-Bewertung des Beurteilungspegels auch nicht weiter problematisch. (Zur Einhaltung von 135 dB L_{Cpeak} sollten jedoch dann Limiter verwendet werden.)

Tiefbass soll auch körperlich wahrgenommen werden, und dafür eignen sich impulshaltige Signalanteile (beispielsweise Bass-Drum) viel mehr als gleichmäßige (Synthie-Flächen).

Kleine Einführung in das Messen von Schallpegeln   4.5

Einen Schallpegelmesser einschalten und einen Wert ablesen, ist nicht weiter schwierig. Eine Schallpegelmessung ist das jedoch noch lange nicht. In diesem Kapitel sollen deshalb die grundlegenden Begriffe für das Messen von Schallpegeln vermittelt werden, es richtet sich vor allem an Einsteiger in diese Thematik.

Frequenzbewertung

Schallpegel werden üblicherweise mit einer Frequenzbewertung gemessen. Dafür sind drei Bewertungskurven gebräuchlich, die A- die B- und die C-Bewertungskurve. Diese Bewertungskurven sind aus den sogenannten Fletcher-Munson-Kurven (Schallpegel gleichen Lautstärkeempfindens) abgeleitet. Dabei entspricht die A-Bewertungskurve dem Lautstärkeempfinden bei geringen Schallpegeln, die B-Bewertungskurven dem bei mittleren und die C-Bewertungskurve dem Lautstärkeempfinden bei hohen Schallpegeln.

Bild 1: Vergleich A- und C-Bewertungsfilter

Wie das Diagramm zeigt, verläuft die C-Bewertungskurve fast linear, während die A-Bewertungskurve eine starke Dämpfung zu den tiefen Frequenzen hin hat.

Dass im Nachbarschaftsschutz mit der A-Bewertungskurve gemessen wird, ist sofort einsichtig – hier haben wir Richtwerte in der Größenordnung von 35 dB bis 55 dB.

Dass auch im Arbeitsschutz und beim Publikumsschutz mit der A-Bewertungskurve gemessen wird, mag zunächst als Fehler erscheinen. Dort ist jedoch nicht relevant, wie laut der Betroffene den Schallpegel empfindet, sondern wie hoch das Schädigungspotenzial ist. Dieses richtet sich jedoch eher nach der A- als nach der B- oder C-Bewertungskurve. Die Messung des Schallpegels mit der Frequenzbewertung A ist somit sachgemäß.

Nebenfolgende Tabelle gibt an, bei welcher Frequenz diese beiden Bewertungsfilter wie stark dämpfen. Daneben wird auch noch angegeben, wie genau ein Schallpegelmesser die Vorgaben der Bewertungskurven einhalten muss.

Frequenz	Frequenzbewertung [dB]			Abweichung [dB]	
[Hz]	A	C	Z	Kl. I	Kl. II
12,5	−63,4	−11,2	0,0	+3,0 /	+5,5/−∞
16	−56,7	−8,5	0,0	+2,5/−4,5	+5,5/−∞
20	−50,5	−6,2	0,0	±2,5	±3,5
25	−44,7	−4,4	0,0	+2,5/−2,0	±3,5
31,5	−39,4	−3,0	0,0	±2,0	±3,5
40	−34,6	−2,0	0,0	±1,5	±2,5
50	−30,2	−1,3	0,0	±1,5	±2,5
63	−26,2	−0,8	0,0	±1,5	±2,5
80	−22,5	−0,5	0,0	±1,5	±2,5
100	−19,1	−0,3	0,0	±1,5	±2,0
125	−16,1	−0,2	0,0	±1,5	±2,0
160	−13,4	−0,1	0,0	±1,5	±2,0
200	−10,9	0,0	0,0	±1,4	±2,0
250	−8,6	0,0	0,0	±1,4	±1,9
315	−6,6	0,0	0,0	±1,4	±1,9
400	−4,8	0,0	0,0	±1,4	±1,9
500	−3,2	0,0	0,0	±1,4	±1,9
630	−1,9	0,0	0,0	±1,4	±1,9
800	−0,8	0,0	0,0	±1,4	±1,9
1 000	0,0	0,0	0,0	±1,1	±1,4
1 250	+0,6	0,0	0,0	±1,4	±1,9
1 600	+1,0	−0,1	0,0	±1,6	±2,6
2 000	+1,2	−0,2	0,0	±1,6	±2,6
2 500	+1,3	−0,3	0,0	±1,6	±3,1
3 150	+1,2	−0,5	0,0	±1,6	±3,1
4 000	+1,0	−0,8	0,0	±1,6	±3,6

Frequenz	Frequenzbewertung [dB]			Abweichung [dB]	
[Hz]	A	C	Z	KI. I	KI. II
5 000	+0,5	−1,3	0,0	± 2,1	± 4,1
6 300	−0,1	−2,0	0,0	+2,1/−2,6	± 5,1
8 000	−1,1	−3,0	0,0	+2,1 /−3,1	± 5,6
10 000	−2,5	−4,4	0,0	+2,6/−3,6	+5,6/−∞
12 500	−4,3	−6,2	0,0	+3,0/−6,0	+6,0/−∞
16 000	−6,6	−8,5	0,0	+3,5/−17,0	+6,0/−∞
20 000	−9,3	−11,2	0,0	+4,0/−∞	+6,0/−∞

Dazu kurz vorab: Schallpegelmesser werden in drei Klassen einge-
teilt: Klasse I (sogenannte Präzisionsschallpegelmesser), Klasse II
(sogenannte Betriebsmessungen) und Klasse III (für sogenannte ori-
entierende Messungen).

Effektivwert und Spitzenwert

Die folgende Abbildung zeigt den Verlauf einer sinusförmigen Wechselspannung, die Spannung schwankt also sinusförmig zwischen
einem positiven und einem negativen Maximum.

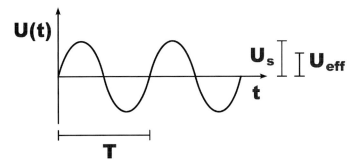

Der Spitzenwert ist der maximale Ausschlag der Amplitude in posi-
tiver oder negativer Richtung. Da eine sinusförmige Wechselspannung
symmetrisch ist, gleichen sich U_{s+} und U_{s-}.

Der sogenannte Effektivwert der Spannung ist der Wert einer Gleich-
spannung, die an einem ohmschen Verbraucher dieselbe Wärme
umsetzt wie eine Wechselspannung dieses Effektivwertes. Der Effektivwert steht für den Energiegehalt einer Wechselspannung und liegt
bei einer sinusförmigen Wechselspannung stets unter dem Spitzenwert.

Er berechnet sich wie folgt:

$$U_{eff} = \frac{U_s}{\sqrt{2}}$$

Bei einer sinusförmigen Wechselspannung liegt somit der Effektivwert 3 dB unter dem Spitzenwert. Dies können wir beispielsweise beim Kalibrieren beobachten.

Bei Schallpegelmessungen messen wir fast immer den (A-bewerteten) Effektivwert. Lediglich bei der Erfassung der Impulsbelastung interessiert der Spitzenwert (englisch peak), dieser wird dann üblicherweise C-bewertet gemessen (L_{Cpeak}).

Mittelungen über die Zeit

Abgesehen vom Kalibrieren messen wir fast nie konstante Schallpegel, sondern sich laufend verändernde Größen. Der Momentanwert eines Schallpegels ist in jedem Moment anders. Um bei einem Schallpegelmesser überhaupt Werte ablesen zu können, müssen die Momentanwerte über einen gewissen Zeitraum gemittelt werden.

Zeitbewertungen

Zeigt ein Schallpegelmesser einen Momentanwert an, so wird dieser mit einer Zeitbewertung geglättet:

- Die Zeitbewertung F (fast, schnell) hat eine Mittelungszeit von 125 ms.

- Die Zeitbewertung S (slow, langsam) hat eine Mittelungszeit von 1 s.

- Bei der Zeitbewertung I (Impuls) steigt der Anzeigewert schnell an, er läuft jedoch mit maximal 3 dB pro Sekunde zurück. Impulse werden somit deutlich stärker gewichtet.

Maximalpegel L_{max}

Der Maximalpegel ist der größte Wert des Momentanpegels innerhalb eines bestimmten Zeitraums, üblicherweise innerhalb der Messdauer.

Taktmaximalpegel L_{Tmax}

Aus den Zeiten, in denen die Rechenleistung der Prozessoren kaum für integrierende Schallpegelmesser gereicht hat, kommt der Taktmaximalpegel. Dieser ist jeweils der maximale Pegel innerhalb eines Taktintervalls, üblicherweise fünf Sekunden. Der Taktmaximalpegel ist daran zu erkennen, dass die Anzeige alle fünf Sekunden auf einen anderen Wert springt.

Der aus dem Taktmaximalpegel gebildete energieäquivalente Mittelungspegel L_{Teq} ist die Grundlage für den Impulszuschlag und letztlich für den Beurteilungspegel im Anwohnerschutz (TA Lärm/Freizeitlärmrichtlinie).

Der energieäquivalente Mittelungspegel L_{eq}

Bei der Beurteilung der Gefährlichkeit von hohen Schallpegeln arbeitet man derzeit nach dem energieäquivalenten Schädigungsmodell: Das Schadensrisiko wird proportional dem Energiegehalt des einwirkenden Lärms betrachtet. Energiegehalt ist Schallintensität mal Zeit.

Soll nun Lärm über einen längeren Zeitraum (Arbeitstag, Dauer einer Veranstaltung) beschrieben werden, dann muss ein Schallpegelwert gebildet werden, der diesem Energiegehalt entspricht. Dies ist der energieäquivalente Mittelungspegel. Dieser wird nach der folgenden Formel gebildet:

$$L_{AeqT} = 10 \cdot \lg \left[\frac{1}{T} \int_0^T 10^{\frac{L_A(t)}{10}} \cdot dt \right]$$

Für Nicht-Mathematiker: Der komische Haken in der Formel ist ein Integral. Damit werden laufend schwankende Größen aufsummiert. Der Momentanwert des Schallpegels wird also zurückgerechnet in eine Schallintensität, diese wird aufintegriert, durch die Zeit geteilt, und dieser Linearwert wird dann wieder in einen Dezibelwert zurückgerechnet.

Wie ein energieäquivalenter Mittelungspegel L_{eq} genau gebildet wird, interessiert vor allem die Hersteller von sogenannten integrierenden Schallpegelmessern. Kleine Übung zum Kopfrechnen: Über einen Zeitraum von insgesamt zwei Stunden wird eine Stunde lang ein Dauerton von 100 dB und eine Stunde lang ein Dauerton von 0 dB gespielt. (0 dB ist nicht „nix", sondern ein Schallpegel in der Größe der Hörschwelle. Es gibt durchaus Schallpegelmesser, die bis hinab zu −20 dB messen können.) Lösung: Der energetische Mittelwert liegt nicht bei 50 dB, sondern bei 97 dB.

Zusammenhang der einzelnen Größen

Wenn wir einen Dauerton messen (Kalibrator), dann ist L_{max} gleich L_{eq} und L_{peak} liegt 3 dB höher. Wegen geringfügiger Schwankungen und Fremdgeräusche können L_{max} und L_{peak} auch mal einige Zehntel dB höher liegen.

Bei Musik gibt es keinen konstanten Zusammenhang, man muss diese Größen einzeln messen.

Es gibt jedoch Daumenregeln, die insbesondere dazu geeignet sind, die Plausibilität von Messergebnissen zu beurteilen: L_{max} liegt etwa 10 dB bis 25 dB über L_{eq}. Dabei ist die Differenz bei Tonträgern (die üblicherweise stark komprimiert produziert werden) eher 10 dB bis 15 dB, während es bei Live-Musik eher 15 dB bis 25 dB sind. L_{Cpeak} liegt etwa 10 dB bis 15 dB über L_{Amax}.

Die Forderung „115 dB unverzerrt am FOH" in einem Rider ist angesichts eines Richtwerts von 99 dB für den L_{Aeq} somit keinesfalls maßlos übertrieben.

Genauigkeitsklassen

Schallpegelmesser gibt es in unterschiedlichen Genauigkeitsklassen, in der Praxis relevant sind insbesondere die Klassen I und II. Die Anforderungen an Schallpegelmesser dieser Klassen sind in DIN EN 61672-1 (Schallpegelmesser, Anforderungen) genormt. Zu solchen Anforderungen gehören auch Vorgaben, welche Abweichungen die Anzeige bei Änderungen von Temperatur, Druck, Luftfeuchtigkeit und vieles anderes mehr führen darf – das soll uns nicht im Detail interessieren.

Richtverhalten

Schalldruckpegel werden mit einem sogenannten Druckempfänger gemessen, die Richtcharakteristik dieser Mikrofone entspricht einer Kugel – theoretisch sind sie nach allen Seiten gleich empfindlich. Bei tiefen Frequenzen ist dies durchaus gegeben. Sobald jedoch die Wellenlänge in die Größenordnung der Abmessungen des Schallpegelmessers kommt, entsteht eine Richtwirkung, sodass seitlich oder gar von hinten eintreffende Schallsignale weniger in die Messung eingehen als die von vorne.

Die folgende Tabelle zeigt, wie sehr das Richtverhalten maximal vom Ideal abweichen darf:

Frequenz [kHz]	± 30°		± 90°		± 150°	
	Kl. I	Kl. II	Kl. I	Kl. II	Kl. I	Kl. II
0,25 … 1	1,3	2,3	1,8	3,3	2,3	5,3
1 … 2	1,5	2,5	2,5	4,5	4,5	7,5
2 … 4	2,0	4,5	4,5	7,5	6,5	12,5
4 … 8	3,5	7,0	8,0	13,0	11,0	17,0
8 … 12,5	5,5	–	11,5	–	15,5	–

Die zulässige Abweichung ist abhängig von der Frequenz, der Genauigkeitsklasse sowie dem Winkelbereich rings um die Bezugsachse. Bei einem Präzisionsschallpegelmesser (Klasse I) darf es im Bereich von 1 bis 2 kHz und $\pm 30°$ keine Anzeigewerte geben, die mehr als 1,5 dB voneinander abweichen.

Pegellinearität

Der Bezugspegelmessbereich muss sich bei 1 kHz über mindestens 60 dB erstrecken. In diesem Bereich darf der Linearitätsfehler bei Klasse I-Geräten $\pm 1,1$ dB und bei Klasse II-Geräten $\pm 1,4$ dB nicht überschreiten.

Bei jeder beliebigen Änderung innerhalb eines Bereichs von 10 dB darf die Abweichung bei Klasse I-Geräten $\pm 0,8$ dB und bei Klasse II-Geräten $\pm 0,6$ dB nicht überschreiten.

Frequenzbewertung

Ein Schallpegelmesser muss mindestens über die Frequenzbewertung A verfügen. Optional kann er auch noch die Frequenzbewertungen C und Z (linear) aufweisen. (Siehe auch Tabelle am Anfang dieses Kapitels.)

Kalibrierung und Eichung

Das folgende Bild zeigt einen integrierenden Schallpegelmesser, den Brüel & Kjaer 2238. Es handelt sich dabei um ein Klasse I-Gerät mit Bauartzulassung der Physikalisch-Technischen Bundesanstalt und wird somit von den Eichämtern zur Eichung angenommen. (Links vom Display ist das Eichsiegel zu erkennen.)

Rechts im Bild liegt ein Schallpegelkalibrator. Dabei handelt es sich um ein Gerät, das einen konstanten Schalldruck abgibt, hier umschaltbar zwischen 94 dB und 114 dB. Vor und nach jeder Messung wird das Messgerät mit dem Kalibrator geprüft, und sofern der Kalibrierungswert sich nicht geändert hat (oder nur sehr geringfügig), kann man die Messung als zuverlässig ansehen.

Hinweis: In DIN 15905-5 ist weder der Einsatz von Präzisionsschallpegelmessern noch eine amtliche Eichung gefordert.

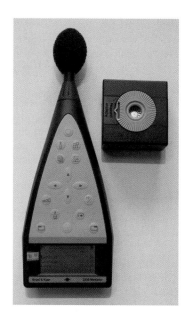

Spezialisierte Messanlagen 4.6

Eine normgerechte Messung nach DIN 15905-5 lässt sich prinzipiell mit jedem integrierenden Klasse-2-Schallpegelmesser durchführen. In der Praxis ist dies jedoch vergleichsweise unkomfortabel, da es dort keine Unterstützung bei der Ermittlung der Korrekturwerte gibt sowie die Messung pünktlich zu jeder vollen halben Stunde neu gestartet werden muss. Zudem muss ein normgerechtes Messprotokoll von Hand erstellt werden. Der Einsatz einer spezialisierten Messanlage reduziert den Aufwand deutlich, sodass sich deren Preis kurz- bis mittelfristig über die geringeren Personalkosten amortisiert.

Derzeit haben zwei Systeme etwas größere Verbreitung gefunden:

- Die ReferenceLOG Messstation der Firma AMT (www.amt-ig.de)
- Das System dBmess 2007 der Firma dBmess (www.dbmess.de)

ReferenceLOG

Die ReferenceLOG-Messstation ist primär für die Schallpegelkontrolle bei Aufführungen und Konzerten ausgelegt. Prinzipiell lassen sich jedoch auch Aufgaben im Immissionsschutz damit lösen. Das ReferenceLOG-Messsystem setzt die Anforderungen der Neufassung von DIN 15905-5 um oder geht über diese Anforderungen hinaus (Klasse-1-System, eichfähig).

Die ReferenceLOG-Messstation ist in großen Veranstaltungsstätten wie der Color-Line-Arena Hamburg, dem Easy-Credit-Stadion in Nürnberg oder dem Schauspielhaus Hamburg fest im Einsatz. Sie wird auch als mobiles System (St. Gallen Open-Air, Tournee Herbert Grönemeyer) verwendet.

Das Messsystem:

Das hochwertige Messsystem eignet sich für feste oder temporäre Installation in Veranstaltungsstätten oder bei Großkonzerten.

Das Bedienkonzept ist so automatisiert, dass während der Messung keine Bedienung der Einheit mehr erforderlich ist und der verantwortliche Techniker alle notwendigen Informationen von der Station optisch signalisiert bekommt.

Innerhalb der manuell oder automatisch bestimmten Messzeit werden die Schallpegel, jeweils gemittelt über eine einstellbare Messperiode, mit einem Zeitstempel abgespeichert.

Die Archivierung erfolgt manipulationssicher auf der PC-gestützten Messstation. Mittels Fernüberwachung und automatischer Datenübermittlung oder -abfrage erfordert die Station ein Minimum an technischer Betreuung. Alle zur Messung erforderlichen Komponenten (außer dem Mikrofonstativ) sind im stabilen Transport-Case untergebracht. Der PC sammelt nur die Messdaten und ist an der eigentlichen Messung nicht beteiligt.

Die Messtechnik ist mit einem wetterfesten Mikrofon ausgestattet. Die Messanlage ist in Klasse-1-Ausführung verfügbar. Herausragende Produktmerkmale sind die automatische Kalibriermessung zur Prüfung der gesamten Messkette vor jedem Messstart, die absetzbare Pegelampel sowie die manipulationssichere Datenablage. Optional kann direkt an der Messstation ein Messprotokoll im PDF-Format erstell werden.

Leistungsmerkmale:

- PC-gestützte Messeinheit mit Fernabfrage per: ISDN, Modem, IP-basiertes Netzwerk

- Der PC ist bei der Messung nicht beteiligt, er dient nur der Datenabfrage und -archivierung. Alle Messungen finden in einer abgesetzten eichfähigen Messeinheit statt.

- Optische Signalisierung bei Überschreitung definierter Pegelschwellen (vom Gerät abgesetzt zu nutzen, optionale drahtlose Übertragung)

- Messbare Schallpegel: L_{eq}, L_{AFmax}, L_{Cpeak}, L_n (Perzentilpegel, 6 wählbar)

- Frequenzbewertung: linear, A-bewertet, C-bewertet

- Einkanalige Schallpegelmesseinheit (Klasse 1 – eichfähig)

- Anzeige während der Messung über eingebauten TFT-Bildschirm

- Datenspeicher für mehrere Wochen

- Manipulationssichere Datenablage und -archivierung

- Die Bediensoftware gestattet eine einfache Bedienung, alle Einstellungen sind nur passwortgesichert durchführbar.

- Optimiert für den 24-Stunden-Dauereinsatz

dBmess 2007

Das System dBmess 2007 ist eine PC-gestützte Klasse-2-Messanlage. Sie setzt die Vorgaben der Neufassung DIN 15905-5 um, darüber hinaus kann sie auch oktavgemittelte Korrekturwerte ermitteln und verwenden, sodass Frequenzgangunterschiede zwischen maßgeblichem Immissionsort und Messort ausgeglichen werden können. Die Messanlage gibt es als Touring-Version für den mobilen Einsatz und als Theater-Version für Festinstallationen.

dBmess 2007 Touring ist unter anderem bei einigen Rundfunkanstalten (SWR, rbb, BR, NDR, SR ...) im Einsatz. dBmess 2007 Theater wird in den Musical-Theatern der StageEntertainment eingesetzt.

Leistungsmerkmale

- Umfangreiche Darstellung aller Messwerte (Momentanwerte, Kurz- und Langzeitmittel, Dosis)

- Oktavgemittelte und breitbandige Korrekturwerte können alternativ oder kombiniert verwendet werden

- Automatische Dateiverwaltung, Backupdateien werden im Minutentakt geschrieben

- Fernabfrage mittels Viewer über jedes TCP/IP-Netzwerk

- Normgerechte Messprotokolle im PDF-Format

- Alternativer Vorverstärker zur Durchführung zweikanaliger Messungen (PA und Bühne oder PA und FOH)

- Speicherung aller Minutenwerte (L_{eq}, L_{max}, L_{peak}), grafische Anzeige des Pegelverlaufs, Export im Excel-Format

- Audio-Mitschnitt möglich

Anhang I
DIN 15905-5

DEUTSCHE NORM November 2007

DIN 15905-5

ICS 13.140; 97.200.10

Ersatz für
DIN 15905-5:1989-10

Veranstaltungstechnik –
Tontechnik –
Teil 5: Maßnahmen zum Vermeiden einer Gehörgefährdung des
Publikums durch hohe Schallemissionen elektroakustischer
Beschallungstechnik

Event-Technology –
Sound Engineering –
Part 5: Measures to prevent the risk of hearing loss of the audience by high sound
exposure of electroacoustic sound systems

Organisation de manifestation –
Sonorisation –
Partie 5: Mésures de prévention des risques auditifs chez les spectateurs soumis à des
sons aigus émis par le matériel de sonorisation électroacoustique

Gesamtumfang 17 Seiten

Normenausschuss Veranstaltungstechnik - Bühne, Beleuchtung und Ton (NVT) im DIN
DKE Deutsche Kommission Elektrotechnik Elektronik Informationstechnik im DIN und VDE
Normenausschuss Akustik, Lärmminderung und Schwingungstechnik (NALS) im DIN und VDI
Normenausschuss Bild und Film (NBF) im DIN

Inhalt

2

Vorwort

Diese Norm wurde vom Normenausschuss Veranstaltungstechnik – Bühne, Beleuchtung und Ton (NVT) im DIN im Arbeitsausschuss NVT 5 „Beschallung und Kommunikation in der Veranstaltungstechnik" erarbeitet.

DIN 15905 *Veranstaltungstechnik — Tontechnik* besteht aus:

— *Teil 1: Anforderungen bei Eigen-, Co- und Fremdproduktionen*

— *Teil 2: Leitungen für tontechnische und videotechnische Nutzung — Anforderungen*

— *Teil 5: Maßnahmen zum Vermeiden einer Gehörgefährdung des Publikums durch hohe Schallemissionen elektroakustischer Beschallungstechnik*

Änderungen

Gegenüber DIN 15905-5:1989-10 wurden folgende Änderungen vorgenommen:

a) Es werden Hinweise gegeben, wie der Verkehrssicherungspflicht in Bezug auf eine Gehörgefährdung durch Schallemissionen elektroakustische Beschallungstechnik in Abhängigkeit der zu erwartenden Schallexposition nachgekommen werden kann.

b) Schutzmaßnahmen und Informationen über die Gefährdung des Gehörs werden angegeben.

c) Die Anzahl der Definitionen von Begriffen wurde erweitert.

d) In den informativen Anhängen gibt es Beispiele für verschiedene Arten von Veranstaltungen, für Informationen des Publikums und den Einsatz optischer Anzeigen für das Publikum.

Frühere Ausgaben

DIN 15905-5: 1989-10

3

1 Anwendungsbereich

In der Norm werden Verfahren zur Messung und Bewertung der Schallimmission bei elektroakustischer Beschallungstechnik mit dem Ziel der Reduzierung einer Gehörgefährdung des anwesenden Publikums dargestellt.

Die Norm enthält Festlegungen zum Erkennen einer tatsächlichen oder einer sich während der Darbietung abzeichnenden Überschreitung der in dieser Norm aufgeführten Richtwerte für die Beurteilungspegel, um bereits während einer Veranstaltung notwendige Maßnahmen ergreifen zu können.

Die Norm gibt Hinweise, wie der Verkehrssicherungspflicht in Bezug auf eine Gehörgefährdung durch Schallemissionen elektroakustische Beschallungstechnik in Abhängigkeit der zu erwartenden Schallexposition nachgekommen werden kann.

Die Norm gilt für elektroakustische Beschallungstechnik in Veranstaltungsstätten oder in Veranstaltungsorten, im Freien oder in Gebäuden. Im Sinne dieser Norm sind das für das Publikum zugängliche Bereiche z. B. in Diskotheken, Filmtheatern, Konzertsälen, Mehrzweck- und Messehallen, Räumen für Shows, Events, Kabaretts und Varietes, Studios für Hörfunk und Fernsehen, Theatern sowie in Verbindung mit Spiel- und Szenenflächen in Freilichtbühnen, Open-Air-Veranstaltungen und bei Festumzügen oder Stadtfesten.

Die Norm gilt nicht für

— Lautsprecherdurchsagen im Gefahren- und Katastrophenfall;

— die Anwendung von Pyrotechnik, sofern sie nicht im zeitlichen Zusammenhang mit dem Einsatz der Beschallungsanlage für die Nutzschallübertragung während der Veranstaltung steht und

— Geräusche, die durch das Publikum verursacht werden.

ANMERKUNG   Die Norm gilt nicht für den Schutz der in den oben genannten Räumen beruflich tätigen Personen.

2 Normative Verweisungen

Die folgenden zitierten Dokumente sind für die Anwendung dieses Dokuments erforderlich. Bei datierten Verweisungen gilt nur die in Bezug genommene Ausgabe. Bei undatierten Verweisungen gilt die letzte Ausgabe des in Bezug genommenen Dokuments (einschließlich aller Änderungen).

DIN 45641, *Mittelung von Schallpegeln*

DIN EN 352, *Gehörschützer — Allgemeine Anforderungen*

DIN EN 60942, *Elektroakustik — Schallkalibratoren*

DIN EN 61672-1, *Elektroakustik — Schallpegelmesser — Teil 1: Anforderungen*

DIN EN ISO 3740:2001-03, *Akustik — Bestimmung des Schallleistungspegels von Geräuschquellen — Leitlinien zur Anwendung der Grundnormen*

ISO 1999:1990:01, *Akustik; Bestimmung der berufsbedingten Lärmexposition und Einschätzung der lärmbedingten Hörschädigung*

Richtlinie 2003/10/EG

4

3 Begriffe

Für die Anwendung dieses Dokuments gelten die folgenden Begriffe.

3.1
A-bewerteter Beurteilungspegel am maßgeblichen Immissionsort
L_{Ar}

A-bewerteter energieäquivalenter Dauerschallpegel am maßgeblichen Immissionsort für die Beurteilungszeit T_r. Bei Messungen am Ersatzimmissionsort ist L_{Ar} unter Berücksichtigung des Korrekturwertes K_1 aus L_{AeqT2} (mit $T_2 = T_R$ = 30 Minuten) zu bestimmen:

$$L_{Ar} = L_{AeqT2} + K_1$$

ANMERKUNG   Der A-bewertete Beurteilungspegel am maßgeblichen Immissionsort L_{Ar} ist in Dezibel (dB) anzugeben.

3.2
A-bewerteter energieäquivalenter Dauerschallpegel am Ersatzimmissionsort
L_{AeqT2}
A-bewerteter Mittelungswert des Schalldruckpegels, der am Ersatzimmissionsort gemessen wird

ANMERKUNG   Der A-bewertete energieäquivalente Dauerschallpegel am Ersatzimmissionsort L_{AeqT2} ist in Dezibel (dB) anzugeben.

3.3
A-bewerteter energieäquivalenter Dauerschallpegel am maßgeblichen Immissionsort
L_{AeqT1}
A-bewerteter Mittelungswert des Schalldruckpegels am maßgeblichen Immissionsort

ANMERKUNG   Der A-bewertete energieäquivalente Dauerschallpegel am maßgeblichen Immissionsort L_{AeqT1} ist in Dezibel (dB) anzugeben.

3.4
A-bewerteter energieenergieäquivalenter Dauerschallpegel (Mittelungspegel)
L_{AeqT}

energieäquivalent gemittelter Schalldruckpegel über einen definierten Zeitraum (Mittelungszeit, Zeitintervall T)

ANMERKUNG 1   Der A-bewertete energieäquivalente Dauerschallpegel L_{AeqT} ist in Dezibel (dB) anzugeben.

ANMERKUNG 2   Grundsätzlich werden Schallpegel in Dezibel (dB) angegeben. Die Darstellung der A-Bewertung mit dB(A) ist nicht mehr üblich.

ANMERKUNG 3   Die Bestimmung des L_{AeqT} erfolgt nach DIN 45641.

3.5
Beurteilungszeit
T_r
Zeitdauer auf den die Bestimmung des Beurteilungspegels bezogen wird

3.6
C-bewerteter Spitzenschalldruckpegel
L_{Cpeak}
C-bewerteter höchster Momentanwert des Schalldruckpegels innerhalb der Beurteilungszeit

ANMERKUNG   Der C-bewertete Spitzenschalldruckpegel L_{Cpeak} ist in Dezibel (dB) anzugeben.

5

3.7
C-bewerteter Spitzenschalldruckpegel am Ersatzimmissionsort
L_{Cpeak2}
C-bewerteter höchster Momentanwert des Schalldruckpegels innerhalb einer Beurteilungszeit am Ersatzimmissionsort

ANMERKUNG   Der C-bewertete Spitzenschalldruckpegel L_{Cpeak2} ist in Dezibel (dB) anzugeben.

3.8
C-bewerteter Spitzenschalldruckpegel am maßgeblichen Immissionsort
L_{Cpeak1}
C-bewerteter höchster Momentanwert des Schalldruckpegels innerhalb einer Beurteilungszeit am maßgeblichen Immissionsort

ANMERKUNG   Der C-bewertete Spitzenschalldruckpegel L_{Cpeak1} ist in Dezibel (dB) anzugeben.

3.9
elektroakustische Beschallungsanlage
Gesamtheit der elektroakustischen Wandler zur Beschallung des Publikums. Dazu gehören u. a. auch Delay-, Monitor- und Bühnenanlagen.

3.10
Ersatzimmissionsort
für die Beurteilung der Lärmimmission geeigneter Ort, der eine Messung des Nutzschalldruckpegels ohne verfälschende Störsignale, z. B. durch Publikum, sicherstellt

3.11
Korrekturwert für den A-bewerteten energieäquivalenten Dauerschallpegel am Ersatzimmissionsort
K_1
Differenz zwischen dem A-bewerteten energieäquivalenten Dauerschallpegel am maßgeblichen Immissionsort L_{AeqT1} und dem A-bewerteten energieäquivalenten Dauerschallpegel am Ersatzimmissionsort L_{AeqT2}

$$K_1 = L_{AeqT1} - L_{AeqT2}$$

3.12
Korrekturwert für den C-bewerteten Spitzenschalldruckpegel am Ersatzimmissionsort
K_2
Differenz zwischen dem C-bewerteten Spitzenwert des Schalldruckpegels am maßgeblichen Immissionsort L_{Cpeak1} und dem C-bewerteten Spitzenwert am Ersatzimmissionsort L_{Cpeak2}:

$$K_2 = L_{Cpeak1} - L_{Cpeak2}$$

Der Spitzenschalldruckpegel L_{Cpeak1} am maßgeblichen Immissionsort ist unter Berücksichtigung des Korrekturwertes K_2, aus L_{Cpeak2} zu bestimmen:

$$L_{Cpeak1} = L_{Cpeak2} + K_2$$

3.13
maßgeblicher Immissionsort
der für die Beurteilung der Lärmimmission dem Publikum zugängliche Ort, an dem der höchste Wert des Schalldruckpegelsohne verfälschende Störsignale erwartet wird

3.14
Nutzschall
Anteil am Gesamtschall, der durch die elektroakustische Beschallungsanlage erzeugt wird

6

3.15
Publikum
Besucher, Zuhörer, Zuschauer

Gesamtheit von Personen, die als Besucher, Zuhörer oder Zuschauer auch bei zeitlich begrenzter Mitwirkung an einer Veranstaltung oder Darbietung teilnehmen

3.16
Schalldruckpegel
L_p

zehnfacher dekadischer Logarithmus des Verhältnisses des quadrierten Schalldruckes zum Quadrat des Bezugsschalldruckes (p_0 = 20 μPa)

[DIN EN ISO 3740:2001-03]

4 Richtwerte

Der Richtwert für den Beurteilungspegel L_{Ar} beträgt 99 dB. Dieser Richtwert darf an keinem dem Publikum zugänglichen Ort innerhalb der Beurteilungszeit T_r von 30 Minuten überschritten werden.

Der Richtwert für den Beurteilungspegel L_{Ar} von 99 dB gilt auch als nicht überschritten, wenn die Beurteilungszeit auf maximal 120 Minuten ausgedehnt wird.

Der Richtwert für den Spitzenschalldruckpegel L_{Cpeak} von 135 dB darf in keinem Beurteilungszeitraum überschritten werden.

ANMERKUNG   Der Richtwert von 99 dB folgt u. a. dem Beschluss der Gesundheitsministerkonferenz [2]. Der Richtwert von 135 dB entspricht dem unteren Auslösewert für den Spitzenschalldruckpegel L_{Cpeak} nach Artikel 3 der Richtlinie 2003/10/EG und dient der Vermeidung von akuten Hörschäden.

5 Messung und Auswertung

5.1 Allgemeines

Die Messung ist vor Beginn der Veranstaltung zu starten. Die Beurteilungspegel sind für die Beurteilungszeit von jeweils 30 Minuten, beginnend zur vollen und halben Stunde, fortlaufend zu bestimmen.

Im informativen Anhang A sind Beispiele für Messeinrichtungen dargestellt.

5.2 Messgeräte

Die Messgrößen sind mit einem integrierenden Schallpegelmesser mindestens der Genauigkeitsklasse 2 nach DIN EN 61672-1 zu bestimmen.

Es ist eine kalibrierte Messgerätekette zu verwenden (Kalibrator nach DIN EN 60942).

5.3 Immissionsort und Ersatzimmissionsort

Der maßgebliche Immissionsort, für den der Beurteilungspegel gebildet wird, ist der für das Publikum zugängliche Platz, an dem der höchste Schalldruckpegel erwartet wird.

Wenn die Messung des Schalldruckpegels am maßgeblichen Immissionsort während einer Veranstaltung durch das Publikum verfälscht werden kann, ist die Messung an einem Ersatzimmissionsort erforderlich. Dieser sollte so weit vom Publikum entfernt sein, dass das Messergebnis nicht relevant beeinflusst werden kann, z. B. oberhalb des Publikums.

7

5.4 Korrekturwerte

5.4.1 Grundlagen

Da zwischen dem Ersatzimmissionsort und dem maßgeblichen Immissionsort Pegeldifferenzen auftreten können, sind Korrekturwerte zu ermitteln. Diese Korrekturwerte für den A-bewerteten energieäquivalenten Dauerschalldruckpegel L_{AeqT} und den C-bewerteten Spitzenschalldruckpegel L_{CPeak} sind während der Messung zu berücksichtigen.

5.4.2 Bestimmung der Korrekturwerte

Die Ermittlung der Korrekturwerte K_1 und K_2 erfolgt vorzugsweise durch Vergleichsmessungen der Mittelungspegel L_{AeqT} bzw. des C-bewerteten Spitzenschalldruckpegels L_{CPeak} am Immissionsort und dem Messpunkt (Ersatzimmissionsort) im Vorfeld einer Veranstaltung. Die hierzu verwendete Beschallungsanlage muss identisch sein mit der während der Veranstaltung eingesetzten.

Die Korrekturwerte können aus der Schallfeldanregung mit rosa Rauschen (40 Hz bis 20 000 Hz) bestimmt werden. Für K_1 muss die Mittelungszeit T des A-bewerteten energieäquivalenten Dauerschallpegels L_{AeqT} mindestens 5 s betragen.

Werden die Korrekturwerte durch Berechnung ermittelt, sind die raumakustischen Eigenschaften der betrachteten Umgebung und der verwendeten Lautsprecher geeignet zu berücksichtigen.

5.4.3 Anwendung der Korrekturwerte

Die ermittelten Korrekturwerte gelten ausschließlich für den angewendeten Lautsprecheraufbau, den zugeordneten Immissionsort und für die benutzte Messmikrofonanordnung. Sie sind für jede Kombination von Veranstaltungsort, Lautsprecheraufbau und zugeordnetem Immissionsort unterschiedlich.

5.5 Messgrößen

Messgrößen sind:

a) der energieenergieäquivalente Schalldruckpegel L_{AeqT} für den maßgeblichen Immissionsort mit einer Mittelungszeit $T \geq 5$ s. Der Kurzzeitmittlungspegel ermöglicht es dem Bedienpersonal der Beschallungsanlage, den Schalldruckpegel auf einen geeigneten Wert einzustellen. Er sollte während der Veranstaltung unterhalb und höchstens kurzzeitig oberhalb des Richtwertes für den Beurteilungspegel liegen (siehe auch Tabelle 1);

b) der energieäquivalente Schalldruckpegel L_{AeqTr}

ANMERKUNG 1 Die über eine Beurteilungszeit von 30 Minuten gemessenen Beurteilungspegel ermöglichen im Nachhinein die Zuordnung von einzelnen Passagen oder Darbietungen einer Veranstaltung.

c) C-bewerteter Spitzenschalldruckpegel L_{CPeak}.

ANMERKUNG 2 Kurzzeitige impulsartige Schalldruckpegel können zu sofortigen Gehörschädigungen führen.

5.6 Messprotokoll

Das Messprotokoll muss die folgenden Informationen enthalten:

a) Veranstalter;

b) Verfasser des Messprotokolls: Name und Unterschrift;

c) Datum und Veranstaltungsort;

8

d) Beurteilungspegel L_{Ar} und Spitzenschalldruckpegel L_{CPeak} aller Beurteilungszeiten;

e) Beginn und Ende der Messung;

f) verwendete Mess- und Kalibriergeräte;

g) Ergebnis der Kalibrierung;

h) Typ und Anordnung genutzten Beschallungsanlage;

i) maßgeblicher Immissionsort und Ersatzimmissionsort (Messpunkt);

j) Korrekturwerte K_1, K_2 und die Art der Ermittlung;

Zusätzlich sollten folgende Informationen enthalten sein:

k) Name der Veranstaltung

l) Beginn und Ende der Veranstaltung;

m) zeitlicher Veranstaltungsablauf

n) Bedienpersonal der Beschallungsanlage, z. B. DJ, FOH-Techniker, Mischer;

6 Schutzmaßnahmen und Information über Gefährdung des Gehörs

6.1 Allgemeines

Zur Wahrnehmung der Verkehrssicherungspflicht sind in Abhängigkeit von der Höhe der zu erwartenden Beurteilungspegel und C-bewerteten Spitzenschalldruckpegel Schutzmaßnahmen zu ergreifen und ist das Publikum über die Gefährdung des Gehörs zu informieren.

6.2 Allgemeine Schutzmaßnahmen

Der Aufenthalt des Publikums im Nahbereich der Lautsprecher sollte durch geeignete Maßnahmen, z. B. Absperrungen oder Positionierung der Lautsprecher verhindert werden, da in unmittelbarer Nähe von Schall-quellen höhere Schalldruckpegel auftreten.

Die elektroakustische Beschallungsanlage ist so zu begrenzen, dass am maßgeblichen Immissionsort ein C-bewerteter Spitzenschalldruckpegel von 135 dB nicht überschritten werden kann.

6.3 Schutzmaßnahmen bei einem Beurteilungspegel von 85 dB und mehr

Das Publikum ist in geeigneter Weise zu informieren, wenn zu erwarten ist, dass der A-bewertete Beurteilungspegel 85 dB überschreiten wird.

Bei einer zu erwarteten Überschreitung eines A-bewerteten Beurteilungspegels von 85 dB ist dieser durch Messung nach Abschnitt 5 zu dokumentieren. Auf die Messung kann verzichtet werden, wenn sichergestellt ist, dass ein A-bewerteter Beurteilungspegel von 95 dB unterschritten wird.

9

Das Gehörschadensrisiko hängt von Intensität und Dauer der Lärmeinwirkung (Lärmdosis) ab (siehe ISO 1999:1990). Zur Vermeidung eines lärmbedingten Gehörschadens darf das ungeschützte Ohr wöchentlich höchstens mit einer Lärmdosis von 40 Stunden bei 85 dB belastet werden. Die Einwirkung von Lärm mit einem Beurteilungspegel von 85 dB und mehr kann maßgeblich zur wöchentlichen Lärmdosis beitragen. Die Höhe der individuellen wöchentlichen Lärmdosis kann der Besucher durch seine Aufenthaltsdauer im Lärm beeinflussen. Um diese Eigenverantwortung wahrnehmen zu können, muss das Publikum informiert werden, wenn es sich in Lärmbereichen mit Beurteilungspegeln von 85 dB und mehr aufhält, da der Beurteilungspegel subjektiv nicht ausreichend eingeschätzt werden kann.

ANMERKUNG   Das Publikum kann über die Gehörgefährdung durch hohe Schallpegel z. B. durch folgende Maßnahmen informiert werden: Aufdruck auf Eintrittskarten, Handzettel (en: Flyer), Aushang, Durchsage, Anzeigetafel (Visualisierung), Speisen- und Getränkekarte. Eine hilfreiche und sachgerechte Information würde die Mitteilung der möglichen Schalldosis darstellen (siehe Anhang C).

6.4   Schutzmaßnahmen bei einem A-bewerteten Beurteilungspegel von 95 dB und mehr

Zusätzlich ist bei einem A-bewerteten Beurteilungspegel von 95 dB und mehr dem Publikum das Tragen von bereitgestellten Gehörschutzmitteln nach Reihe der Normen DIN EN 352 zum sicheren Schutz des Gehörs zu empfehlen.

Ein A-bewerteter Beurteilungspegel von 99 dB nach Abschnitt 4 darf nicht überschritten werden.

Eine optische Anzeige durch die Messeinrichtung ermöglicht dem Bedienungspersonal der Beschallungsanlage, während der Veranstaltung auf zu hohe Schalldruckpegel reagieren zu können, um gegebenenfalls die Lautstärke zu reduzieren. Die Signalisierung kann nach Tabelle 1 den jeweiligen Erfordernissen aus einem A-bewerteten Mittelungspegel ($T \geq 5$ s) generiert werden.

Tabelle 1 — Beispiel einer optischen Anzeige zur Darstellung des Schalldruckpegels für das Bedienpersonal

Farbe der Signalisierung	Leuchtet auf bei L_{AeqT}
Rot	> 99 dB
Gelb	95 dB bis 99 dB

Auf die Messung des A-bewerteten Beurteilungspegels kann verzichtet werden, wenn sichergestellt ist, dass ein A-bewerteter Beurteilungspegel von 99 dB nicht überschritten wird. Sofern dazu ein Limiter verwendet wird, ist dieser gegen unbefugte Veränderung, z. B. durch Plombieren der Bedienungselemente zu schützen und in Abständen von höchstens 6 Monaten hinsichtlich der Wirksamkeit zu überprüfen.

ANMERKUNG   Bei einem Beurteilungspegel von 95 dB wird die für die Vermeidung eines lärmbedingten Gehörschadens einzuhaltende wöchentliche Lärmdosis bereits nach einer Einwirkungsdauer von 4 Stunden erreicht. Bei höheren Beurteilungspegeln oder längeren Einwirkungsdauern lässt sich der sichere Schutz des Gehörs nur durch das Tragen von Gehörschutzmitteln erreichen. Die Kommission „Soziakusis" hatte bereits auf ihrer 12. Sitzung am 25. Februar 2000 den Beschluss „Pegelbegrenzung in Diskotheken zum Schutz vor Gehörschäden" gefasst (wiedergegeben in [1] Teil 1 Seite 73f) und darin für die Pegelbegrenzung den von der Bundesärztekammer begründeten Pegelwert von 95 dB herausgestellt.

10

Anhang A
(informativ)

Beispiele für verschiedene Arten von Veranstaltungen

A.1 Allgemeines

In der Praxis werden zum Teil verschiedenartige Vorgehensweisen zur Ermittlung und Dokumentation der Schallimmissionen sinnvoll sein. Daher wird im Folgenden an Hand von drei beispielhaften Veranstaltungssituationen dargestellt, wie eine Sicherstellung der Nichtüberschreitung der Immissionsrichtwerte umgesetzt werden kann.

A.2 Festinstallierte Beschallungsanlage für den Live-Betrieb

Bei Live-Veranstaltungen sind elektronische Pegelbegrenzungseinheiten (Limiter) oftmals nicht sinnvoll einsetzbar. Es bietet sich hier die feste Installation einer Messeinrichtung an.

Die Bestimmung der Korrekturwerte K_1 und K_2 erfolgt einmalig bei der Einrichtung der Messgeräte. Die weiteren Messungen im Betrieb erfolgen ausschließlich am Ersatzimmissionsort. Das Bedienpersonal der Beschallungsanlage erhält eine optische Anzeige entsprechend 6.4 „Einsatz optischer Anzeigen für das Bedienpersonal".

A.3 Wechselnde Beschallungsanlagen

In Spielstätten mit häufig wechselnden Produktionen können unterschiedliche Beschallungsanlagen und Bühnensituationen auftreten.

Die Korrekturwerte K_1 und K_2 sind für veränderte Situation jeweils neu zu bestimmen.

Die Messung kann mit einem mobilen oder fest installierten Messgerät erfolgen, das geeignet ist, die erforderlichen optischen Anzeige für das Bedienpersonal zur Verfügung stellt.

ANMERKUNG   Ein fest installiertes Messgerät erfordert keine ständige Betreuung.

A.4 Fest installierte Beschallungsanlage zur Wiedergabe von Tonträgern

Die Nichtüberschreitung der Richtwerte kann durch den Einsatz eines manipulationssicheren Limiters sichergestellt werden.

Limiter eignen sich insbesondere dort, wo Beschallung überwiegend oder ausschließlich per Tonträger erfolgt. Der Limiter sollte in regelmäßigen Abständen von 6 Monaten hinsichtlich seiner Wirksamkeit überprüft werden.

Eine optische Anzeige bei Überschreitung der Richtwerte ist nicht erforderlich, da die Überschreitung technisch ausgeschlossen ist.

11

Anhang B
(informativ)

Beispielhafte Darstellung einer Messeinrichtung nach Kapitel 5

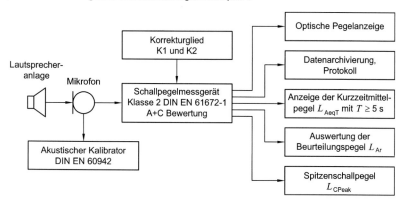

Limitierung von Beschallungsanlagen mit Pegelbegrenzern

A: Limitierung ohne Messmikrofon

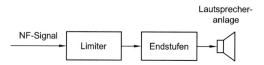

B: Limitierung mit Messmikrofon

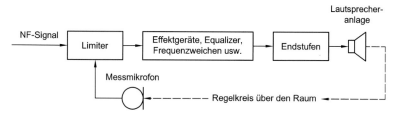

Vorteil: Raumeinflüsse (z. B. Publikumsmenge) werden berücksichtigt

Nachteil: Regelmäßige Kontrolle erforderlich

12

Anhang C
(informativ)

Ermittlung der relativen Schalldosis

Zur Vermeidung von Gehörschäden darf eine bestimmte Schallexposition pro Woche (Schalldosis oder Lärmdosis) nicht überschritten werden. Für die Lärmdosis sind Intensität der Lärmeinwirkung und Einwirkdauer maßgebend. Für den akustischen Laien (Publikum) sind die in der Akustik üblichen Angaben nicht ausreichend verständlich, um das Gehörschadensrisiko einschätzen zu können. Eine risikoadäquate und leicht verständliche Beschreibung der Schallexposition ist möglich, wenn die mitzuteilende Schalldosis (z. B. Schallexposition während einer Veranstaltung) als Prozentsatz der zulässigen Wochen-Schallexposition von 1 820 Pa²s (entspricht 40 Stunden bei 85 dB) ausgedrückt wird. Mit Hilfe von Tabelle C.1 bzw. Bild C.1 kann der entsprechende Prozentwert der (relativen) Schalldosis ermittelt werden.

Wie der Tabelle C.1 bzw. dem Bild B.1 zu entnehmen ist, wird die zulässige relative Wochendosis von 100 % bereits erreicht, z. B. durch einen A-bewerteten Schallpegel von 85 dB über 40 Stunden, oder von 95 dB über 4 Stunden oder von 98 dB über 2 Stunde.

Nimmt ein Besucher an verschiedenen Veranstaltungen innerhalb einer Woche teil, muss er nur noch die Prozentwerte der jeweiligen (relativen) Schalldosis addieren und hat so einen Überblick über seine Wochen-Schalldosis.

Tabelle C.1 — Ermittlung der Schalldosis in Prozent der zulässigen Wochen-Schallexposition von 1 820 Pa²s (entspricht 40 Stunden bei 85 dB) in Abhängigkeit von der Einwirkdauer und dem A-bewerteten energieäquivalenten Dauerschallpegel

L_{Aeq} in DB	Einwirkdauer in Stunden						ISO 1999:1990
	0,5 h	1,0 h	2,0 h	4,0 h	8,0 h	40,0 h	$E_{A,\,8\,h}$ in Pa²s
80	0,4 %	0,8 %	1,6 %	3,2 %	6,3 %	31,6 %	1,15 E+03
81	0,5 %	1,0 %	2,0 %	4,0 %	8,0 %	39,8 %	1,45 E+03
82	0,6 %	1,3 %	2,5 %	5,0 %	10,0 %	50,0 %	1,82 E+03
83	0,8 %	1,6 %	3,1 %	6,3 %	12,6 %	62,9 %	2,29 E+03
84	1,0 %	2,0 %	4,0 %	7,9 %	15,9 %	79,4 %	2,89 E+03
85	1,3 %	2,5 %	5,0 %	10,0 %	20,0 %	100,0 %	3,64 E+03
86	1,6 %	3,1 %	6,3 %	12,6 %	25,2 %	125,8 %	4,58 E+03
87	2,0 %	4,0 %	7,9 %	15,8 %	31,6 %	158,2 %	5,76 E+03
88	2,5 %	5,0 %	10,0 %	19,9 %	39,9 %	199,5 %	7,26 E+03
89	3,1 %	6,3 %	12,5 %	25,1 %	50,2 %	250,8 %	9,13 E+03
90	3,9 %	7,9 %	15,8 %	31,6 %	63,2 %	315,9 %	1,15 E+04
91	5,0 %	10,0 %	19,9 %	39,8 %	79,7 %	398,4 %	1,45 E+04
92	6,3 %	12,5 %	25,0 %	50,0 %	100,0 %	500,0 %	1,82 E+04
93	7,9 %	15,7 %	31,5 %	62,9 %	125,8 %	629,1 %	2,29 E+04
94	9,9 %	19,8 %	39,7 %	79,4 %	158,8 %	794,0 %	2,89 E+04
95	12,5 %	25,0 %	50,0 %	100,0 %	200,0 %	1000,0 %	3,64 E+04
96	15,7 %	31,5 %	62,9 %	125,8 %	251,6 %	1258,2 %	4,58 E+04
97	19,8 %	39,6 %	79,1 %	158,2 %	316,5 %	1582,4 %	5,76 E+04
98	24,9 %	49,9 %	99,7 %	199,5 %	398,9 %	1994,5 %	7,26 E+04
99	31,4 %	62,7 %	125,4 %	250,8 %	501,6 %	2508,2 %	9,13 E+04

13

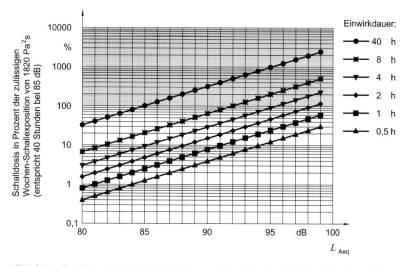

Bild C.1 — Ermittlung der Schalldosis in Prozent der zulässigen Wochen-Schallexposition von 1 820 Pa²s (entspricht 40 Stunden bei 85 dB) in Abhängigkeit von der Einwirkdauer und dem A-bewerteten energieenergieäquivalenten Dauerschallpegel

14

Anhang D
(informativ)

Messprotokoll

Messprotokoll
zur Schallpegelmessung gemäß DIN

Angaben zur Veranstaltung

Veranstaltungsort:

Name der Veranstaltung:

Datum der Veranstaltung:

Veranstalter:

Beginn der Veranstaltung:

Ende der Veranstaltung:

Angaben zur Messung

Messdurchführung, Firma:

Verantwortlicher Techniker/Ingenieur FoH:

Beginn der Messung:

Ende der Messung:

Typ und Anordnung der Beschallungsanlage:

Maßgeblicher Immissionsort (lautester Punkt):

Ersatzimmissionsort (Messpunkt):

Die Korrekturwerte K_1 und K_2 wurden ermittelt durch (Messdurchführung/Art der Ermittlung):

Die einsetzte Technik entspricht der Klasse:

Messgerät/S-Nr:

Kalibriergerät/S-Nr:

Ergebnis der Kalibrierung:

Ergebniszusammenfassung

Richtwert (L_{Ar} Beurteilungspegel):   99 dB(A)

Gemessener Beurteilungspegel L_{AR}:   98 dB(A)

ANMERKUNG   lauteste 30 Minuten während der Veranstaltung am maßgeblichen Immissionsort

Richtwert (L_{CPeak} Spitzenwert):   135 dB(C)

Gemessener Spitzenwert L_{CPeak}:   128 dB(C)

ANMERKUNG   lauteste 30 Minuten während der Veranstaltung am maßgeblichen Immissionsort

Berücksichtigter Korrekturwert K_1:   7,5 dB

Berücksichtigter Korrekturwert K_2:   7 dB

ANMERKUNG   sollten sich die Korrekturfaktoren während einer Veranstaltung ändern, sind diese einzeln auszuweisen

Basis/Grundlage/Verordnung: DIN 15905-5

15

Messprotokoll			
			Gerätenummer SPM:
Datum	Dauer [hh:mm:ss]	L_{Ar}	L_{CPeak}
Start [hh:mm:ss]	Ende [hh:mm:ss]		
07.11.2006 15:00:04	00:29:57 15:30:01	91 dB(A)	113 dB(C)
07.11.2006 15:30:05	00:29:57 16:00:02	90 dB(A)	110 dB(C)
07.11.2006 16:00:04	00:29:57 16:30:00	91 dB(A)	111 dB(C)
07.11.2006 17:00:05	00:29:57 17:30:02	92 dB(A)	115 dB(C)
07.11.2006 17:30:05	00:29:57 18:00:00	94 dB(A)	112 dB(C)
07.11.2006 18:00:04	00:29:57 18:30:01	93 dB(A)	113 dB(C)
07.11.2006 18:30:04	00:29:57 19:00:00	91 dB(A)	110 dB(C)
07.11.2006 19:00:03	00:29:57 19:30:00	95 dB(A)	116 dB(C)
07.11.2006 19:30:04	00:29:57 20:00:01	92 dB(A	112 dB(C)
07.11.2006 20:00:04	00:29:57 20:30:01	96 dB(A)	118 dB(C)
07.11.2006 20:30:05	00:29:57 21:00:00	93 dB(A)	114 dB(C)
07.11.2006 21:00:03	00:29:57 21:30:01	98 dB(A)	126 dB(C)
07.11.2006 21:30:03	00:29:57 22:00:01	94 dB(A)	119 dB(C)
07.11.2006 22:00:04	00:29:57 22:30:04	98 dB(A)	128 dB(C)
07.11.2006 22:30:03	00:29:57 23:00:00	95 dB(A)	120 dB(C)

Verfasser des Messprotokolls:

Datum/Name, Unterschrift

16

Literaturhinweise

[1] Schallpegel in Diskotheken und bei Musikveranstaltungen/Umweltbundesamt. — Berlin: Umweltbundesamt.

Teil 1. Gesundheitliche Aspekte/von Wolfgang Babisch. — 2000. – 74 S.: (WaBoLu-Hefte; 2000,3) Signatur: DBF 2001 B 6381; IDN: 96096133X

http://www.apug.de/archiv/pdf/DISKO_1.pdf

Teil 2. Studie zu den Musikhörgewohnheiten von Oberschülern/von Wolfgang Babisch; Bodo Bohn [u. a.]. — 2000. – 88 S.: (WaBoLu-Hefte; 2000,4) Signatur: DBF 2001 B 6375; IDN: 96096150X

Teil 3 Studie zur Akzeptanz von Schallpegelbegrenzungen in Diskotheken/von Wolfgang Babisch; Bodo Bohn [u. a.]. — 2000. – 88 S.: (WaBoLu-Hefte; 2000,4) Signatur: DBF 2001 B 6375; IDN: 96096150X

http://www.apug.de/archiv/pdf/DISKO_2-3.pdf

[2] Beschluss der Gesundheitsministerkonferenz der Länder vom 1.7.2005, Top 7.1, „Maßnahmen zur Verhinderung von Gehörschäden durch Musikveranstaltungen einschließlich Diskothekenlärm"

http://www.gmkonline.de/?&nav=beschluesse_78&id=78_07.01

17

Anhang II
Lärm- und Vibrations-
Arbeitsschutzverordnung
Einführung

Die *Verordnung zum Schutz der Beschäftigten vor Gefährdungen durch Lärm und Vibrationen* (kurz *Lärm- und Vibrations-Arbeitsschutzverordnung* – abgekürzt *LärmVibrationsArbSchV*) ist eine Verordnung, welche die Bundesregierung auf Grundlage des ArbSchG § 18 erlassen hat. Sie löst die berufsgenossenschaftliche Vorschrift BGV B3 ab, die inzwischen zurückgezogen ist.

Die Verordnung dient zum Schutz der Beschäftigten vor Gesundheitsschäden durch Lärm und Vibrationen. Der Begriff des Beschäftigten ist in ArbSchG § 2 (2) definiert und geht über den Begriff des Arbeitnehmers hinaus: Auch arbeitnehmerähnliche Personen, insbesondere die in der Branche gerne eingesetzten „Freelancer", sind Beschäftigte im Sinne des Arbeitsschutzgesetzes (ArbSchG). Für den Bereich des Musik- und Unterhaltungssektors gibt es in § 17 der LärmVibrationsArbSchV die Übergangsvorschrift, dass die Verordnung erst ab dem 15. Februar 2008 anzuwenden ist. Der Begriff des *Musik- und Unterhaltungssektors* ist nicht weiter präzisiert, sodass sich Schwierigkeiten in der Abgrenzung ergeben könnten – darauf dürfte es inzwischen aber nicht mehr ankommen.

Kleiner Exkurs ArbSchG

Das *Gesetz über die Durchführung von Maßnahmen des Arbeitsschutzes zur Verbesserung der Sicherheit und des Gesundheitsschutzes der Beschäftigten bei der Arbeit* (kurz *Arbeitsschutzgesetz* – abgekürzt *ArbSchG*) ist ein Gesetz im Geiste der Deregulierung. Es vermeidet weitgehend Einzelbestimmungen, stattdessen hat der Arbeitgeber die Pflicht, eine Gefährdungsanalyse (ArbSchG § 5 Beurteilung der Arbeitsbedingungen) durchzuführen und daraus die erforderlichen Maßnahmen abzuleiten. Bei diesem Vorgang ist der Stand der Technik zu berücksichtigen.

Daneben wird unter anderem gefordert (ArbSchG § 4 Allgemeine Grundsätze), dass Gefahren an der Quelle zu bekämpfen sind und dass individuelle Schutzmaßnahmen nachrangig zu anderen Maßnahmen zu sein haben. Diese Grundsätze finden sich auch in der LärmVibrationsArbSchV wieder: § 7 (1) legt fest, dass technische Maßnahmen Vorrang vor organisatorischen Maßnahmen haben, die wiederum Vorrang vor dem Einsatz von Gehörschutz haben.

Auslösewerte

Die LärmVibrationsArbSchV kennt keine Grenz- oder Richtwerte, sondern Auslösewerte, also Werte, die Aktionen vom Arbeitgeber oder seinen Beschäftigten auslösen.

Die unteren Auslösewerte sind $L_{EX, 8h}$ = 80 dB(A) sowie $L_{pC, peak}$ = 135 dB(C). Wird einer dieser Auslösewerte erreicht oder überschritten, dann hat der Arbeitgeber Gehörschutz zur Verfügung zu stellen. Zudem sind die Beschäftigten geeignet zu unterweisen.

Die oberen Auslösewerte sind $L_{EX, 8h}$ = 85 dB(A) sowie $L_{pC, peak}$ = 137 dB(C). Arbeitsbereiche, in denen einer der oberen Auslösewerte erreicht oder überschritten wird, sind als Lärmbereiche auszuweisen, hier hat der Arbeitgeber ein Lärmminderungsprogramm aufzulegen (Programm mit technischen und organisatorischen Maßnahmen zur Verringerung der Lärmexposition). Des Weiteren hat der Arbeitgeber dann Sorge zu tragen, dass Gehörschutz (der ja ab Erreichen der unteren Auslösewerte zur Verfügung zu stellen ist) vom Beschäftigten bestimmungsgemäß verwendet wird. Zudem sind regelmäßige arbeitsmedizinische Vorsorgeuntersuchungen zu veranlassen.

Der Tages-Lärmexpositionspegel $L_{EX, 8h}$ ist ein energieäquivalenter Mittelungspegel über einen 8-Stunden-Tag. Er ersetzt den bisherigen Beurteilungspegel aus der BGV B3. Auch in der LärmVibrationsArbSchV ist die Möglichkeit vorgesehen, bei täglich stark schwankenden Belastungen statt des Tages-Lärmexpositionspegels den Wochen-Lärmexpositionspegel $L_{EX, 40h}$ zu verwenden. Im Gegensatz zur BGV B3 ist dies jedoch nur mit Zustimmung der zuständigen Behörde erlaubt.

Verordnung zum Schutz der Beschäftigten vor Gefährdungen durch Lärm und Vibrationen (Lärm- und Vibrations- Arbeitsschutzverordnung – LärmVibrationsArbSchV)

„Lärm- und Vibrations-Arbeitsschutzverordnung vom 6. März 2007 (BGBl. I S. 261)"

Die V wurde als Artikel 1 der V v. 6. 3. 2007 I 261 von der Bundesregierung nach Anhörung der beteiligten Kreise und des besonderen Ausschusses sowie des Bundesministeriums für Arbeit und Soziales im Einvernehmen mit dem Bundesministerium des Innern nach Anhörung des Ausschusses für technische Arbeitsmittel und Verbraucherprodukte und im Einvernehmen mit dem Bundesministerium für Wirtschaft und Technologie, dem Bundesministerium für Ernährung, Landwirtschaft und Verbraucherschutz, dem Bundesministerium für Umwelt, Naturschutz und Reaktorsicherheit, dem Bundesministerium der Verteidigung und dem Bundesministerium für Verkehr, Bau und Stadtentwicklung erlassen. Sie ist gem. Art. 7 Satz 1 dieser V am 9. 3. 2007 in Kraft getreten.

Inhaltsübersicht

Abschnitt 1
Anwendungsbereich und Begriffsbestimmungen

§ 1 Anwendungsbereich

(1) Diese Verordnung gilt zum Schutz der Beschäftigten vor tatsächlichen oder möglichen Gefährdungen ihrer Gesundheit und
Sicherheit durch Lärm oder Vibrationen bei der Arbeit.

(2) Diese Verordnung gilt nicht in Betrieben, die dem Bundesberg-
gesetz unterliegen.

(3) Das Bundesministerium der Verteidigung kann für Beschäftigte, die Lärm und Vibrationen ausgesetzt sind oder ausgesetzt
sein können, Ausnahmen von den Vorschriften dieser Verordnung
zulassen, soweit öffentliche Belange dies zwingend erfordern, insbesondere für Zwecke der Landesverteidigung oder zur Erfüllung
zwischenstaatlicher Verpflichtungen der Bundesrepublik Deutsch-
land. In diesem Fall ist gleichzeitig festzulegen, wie die Sicherheit
und der Gesundheitsschutz der Beschäftigten nach dieser Verordnung auf andere Weise gewährleistet werden kann.

§ 2 Begriffsbestimmungen

(1) Lärm im Sinne dieser Verordnung ist jeder Schall, der zu einer Beeinträchtigung des Hörvermögens oder zu einer sonstigen mittelbaren oder unmittelbaren Gefährdung von Sicherheit und Gesundheit der Beschäftigten führen kann.

(2) Der Tages-Lärmexpositionspegel ($L_{EX, 8h}$) ist der über die Zeit gemittelte Lärmexpositionspegel bezogen auf eine Achtstundenschicht. Er umfasst alle am Arbeitsplatz auftretenden Schallereignisse.

(3) Der Wochen-Lärmexpositionspegel ($L_{EX, 40h}$) ist der über die Zeit gemittelte Tages-Lärmexpositionspegel bezogen auf eine 40-Stundenwoche.

(5) Der Spitzenschalldruckpegel ($L_{pC,peak}$) ist der Höchstwert des momentanen Schalldruckpegels.

(4) Vibrationen sind alle mechanischen Schwingungen, die durch Gegenstände auf den menschlichen Körper übertragen werden und zu einer mittelbaren oder unmittelbaren Gefährdung von Sicherheit und Gesundheit der Beschäftigten führen können. Dazu gehören insbesondere

1. mechanische Schwingungen, die bei Übertragung auf das Hand-Arm-System des Menschen Gefährdungen für die Gesundheit und Sicherheit der Beschäftigten verursachen oder verursachen können (Hand-Arm-Vibrationen), insbesondere Knochen- oder Gelenkschäden, Durchblutungsstörungen oder neurologische Erkrankungen, und

2. mechanische Schwingungen, die bei Übertragung auf den gesamten Körper Gefährdungen für die Gesundheit und Sicherheit der Beschäftigten verursachen oder verursachen können (Ganzkörper-Vibrationen), insbesondere Rückenschmerzen und Schädigungen der Wirbelsäule.

(6) Der Tages-Vibrationsexpositionswert A(8) ist der über die Zeit nach Nummer 1.1 des Anhangs für Hand-Arm-Vibrationen und nach Nummer 2.1 des Anhangs für Ganzkörper-Vibrationen gemittelte Vibrationsexpositionswert bezogen auf eine Achtstundenschicht.

(7) Der Stand der Technik ist der Entwicklungsstand fortschrittlicher Verfahren, Einrichtungen oder Betriebsweisen, der die praktische Eignung einer Maßnahme zum Schutz der Gesundheit und zur Sicherheit der Beschäftigten gesichert erscheinen lässt. Bei der Bestimmung des Standes der Technik sind insbesondere vergleichbare Verfahren, Einrichtungen oder Betriebsweisen heranzuziehen,

die mit Erfolg in der Praxis erprobt worden sind. Gleiches gilt für die Anforderungen an die Arbeitsmedizin und die Arbeitshygiene.

Abschnitt 2
Ermittlung und Bewertung der Gefährdung; Messungen

§ 3   Gefährdungsbeurteilung

(1) Bei der Beurteilung der Arbeitsbedingungen nach § 5 des Arbeitsschutzgesetzes hat der Arbeitgeber zunächst festzustellen, ob die Beschäftigten Lärm oder Vibrationen ausgesetzt sind oder ausgesetzt sein könnten. Ist dies der Fall, hat er alle hiervon ausgehenden Gefährdungen für die Gesundheit und Sicherheit der Beschäftigten zu beurteilen. Dazu hat er die auftretenden Expositionen am Arbeitsplatz zu ermitteln und zu bewerten. Der Arbeitgeber kann sich die notwendigen Informationen beim Hersteller oder Inverkehrbringer von Arbeitsmitteln oder bei anderen ohne weiteres zugänglichen Quellen beschaffen. Lässt sich die Einhaltung der Auslöse- und Expositionsgrenzwerte nicht sicher ermitteln, hat er den Umfang der Exposition durch Messungen nach § 4 festzustellen. Entsprechend dem Ergebnis der Gefährdungsbeurteilung hat der Arbeitgeber Schutzmaßnahmen nach dem Stand der Technik festzulegen.

(2) Die Gefährdungsbeurteilung nach Absatz 1 umfasst insbesondere

1. bei Exposition der Beschäftigten durch Lärm

   a) Art, Ausmaß und Dauer der Exposition durch Lärm,

   b) die Auslösewerte nach § 6 Satz 1 und die Expositionswerte nach § 8 Abs. 2,

   c) die Verfügbarkeit alternativer Arbeitsmittel und Ausrüstungen, die zu einer geringeren Exposition der Beschäftigten führen (Substitutionsprüfung),

   d) Erkenntnisse aus der arbeitsmedizinischen Vorsorge sowie allgemein zugängliche, veröffentlichte Informationen hierzu,

   e) die zeitliche Ausdehnung der beruflichen Exposition über eine Achtstundenschicht hinaus,

   f) die Verfügbarkeit und Wirksamkeit von Gehörschutzmitteln,

   g) Auswirkungen auf die Gesundheit und Sicherheit von Beschäftigten, die besonders gefährdeten Gruppen angehören, und

   h) Herstellerangaben zu Lärmemissionen sowie

2. bei Exposition der Beschäftigten durch Vibrationen

a) Art, Ausmaß und Dauer der Exposition durch Vibrationen, einschließlich besonderer Arbeitsbedingungen, wie zum Beispiel Tätigkeiten bei niedrigen Temperaturen,

b) die Expositionsgrenzwerte und Auslösewerte nach § 9 Abs. 1 und 2,

c) die Verfügbarkeit und die Möglichkeit des Einsatzes alternativer Arbeitsmittel und Ausrüstungen, die zu einer geringeren Exposition der Beschäftigten führen (Substitutionsprüfung),

d) Erkenntnisse aus der arbeitsmedizinischen Vorsorge sowie allgemein zugängliche, veröffentlichte Informationen hierzu,

e) die zeitliche Ausdehnung der beruflichen Exposition über eine Achtstundenschicht hinaus,

f) Auswirkungen auf die Gesundheit und Sicherheit von Beschäftigten, die besonders gefährdeten Gruppen angehören, und

g) Herstellerangaben zu Vibrationsemissionen.

(3) Die mit der Exposition durch Lärm oder Vibrationen verbundenen Gefährdungen sind unabhängig voneinander zu beurteilen und in der Gefährdungsbeurteilung zusammenzuführen. Mögliche Wechsel- oder Kombinationswirkungen sind bei der Gefährdungsbeurteilung zu berücksichtigen. Dies gilt insbesondere bei Tätigkeiten mit gleichzeitiger Belastung durch Lärm, arbeitsbedingten ototoxischen Substanzen oder Vibrationen, soweit dies technisch durchführbar ist. Zu berücksichtigen sind auch mittelbare Auswirkungen auf die Gesundheit und Sicherheit der Beschäftigten, zum Beispiel durch Wechselwirkungen zwischen Lärm und Warnsignalen oder anderen Geräuschen, deren Wahrnehmung zur Vermeidung von Gefährdungen erforderlich ist. Bei Tätigkeiten, die eine hohe Konzentration und Aufmerksamkeit erfordern, sind störende und negative Einflüsse infolge einer Exposition durch Lärm oder Vibrationen zu berücksichtigen.

(4) Der Arbeitgeber hat die Gefährdungsbeurteilung unabhängig von der Zahl der Beschäftigten zu dokumentieren. In der Dokumentation ist anzugeben, welche Gefährdungen am Arbeitsplatz auftreten können und welche Maßnahmen zur Vermeidung oder Minimierung der Gefährdung der Beschäftigten durchgeführt werden müssen. Die Gefährdungsbeurteilung ist zu aktualisieren, wenn maßgebliche Veränderungen der Arbeitsbedingungen dies erforderlich machen

oder wenn sich eine Aktualisierung auf Grund der Ergebnisse der arbeitsmedizinischen Vorsorge als notwendig erweist.

§ 4 Messungen

(1) Der Arbeitgeber hat sicherzustellen, dass Messungen nach dem Stand der Technik durchgeführt werden. Dazu müssen

1. Messverfahren und -geräte den vorhandenen Arbeitsplatz- und Expositionsbedingungen angepasst sein; dies betrifft insbesondere die Eigenschaften des zu messenden Lärms oder der zu messenden Vibrationen, die Dauer der Einwirkung und die Umgebungsbedingungen und

2. die Messverfahren und -geräte geeignet sein, die jeweiligen physikalischen Größen zu bestimmen, und die Entscheidung erlauben, ob die in den §§ 6 und 9 festgesetzten Auslöse- und Expositionsgrenzwerte eingehalten werden.

Die durchzuführenden Messungen können auch eine Stichprobenerhebung umfassen, die für die persönliche Exposition eines Beschäftigten repräsentativ ist. Der Arbeitgeber hat die Dokumentation über die ermittelten Messergebnisse mindestens 30 Jahre in einer Form aufzubewahren, die eine spätere Einsichtnahme ermöglicht.

(2) Messungen zur Ermittlung der Exposition durch Vibrationen sind zusätzlich zu den Anforderungen nach Absatz 1 entsprechend den Nummern 1.2 und 2.2 des Anhangs durchzuführen.

§ 5 Fachkunde

Der Arbeitgeber hat sicherzustellen, dass die Gefährdungsbeurteilung nur von fachkundigen Personen durchgeführt wird. Verfügt der Arbeitgeber nicht selbst über die entsprechenden Kenntnisse, hat er sich fachkundig beraten zu lassen. Fachkundige Personen sind insbesondere der Betriebsarzt und die Fachkraft für Arbeitssicherheit. Der Arbeitgeber darf mit der Durchführung von Messungen nur Personen beauftragen, die über die dafür notwendige Fachkunde und die erforderlichen Einrichtungen verfügen.

Abschnitt 3
Auslösewerte und Schutzmaßnahmen bei Lärm

§ 6 Auslösewerte bei Lärm

Die Auslösewerte in Bezug auf den Tages-Lärmexpositionspegel und den Spitzenschalldruckpegel betragen:

1. Obere Auslösewerte: $L_{EX, 8h}$ = 85 dB(A) beziehungsweise $L_{pC,peak}$ = 137 dB(C),

2. Untere Auslösewerte: $L_{EX, 8h}$ = 80 dB(A) beziehungsweise $L_{pC, peak}$ = 135 dB(C).

Bei der Anwendung der Auslösewerte wird die dämmende Wirkung eines persönlichen Gehörschutzes der Beschäftigten nicht berücksichtigt.

§ 7 Maßnahmen zur Vermeidung und Verringerung der Lärmexposition

(1) Der Arbeitgeber hat die nach § 3 Abs. 1 Satz 6 festgelegten Schutzmaßnahmen nach dem Stand der Technik durchzuführen, um die Gefährdung der Beschäftigten auszuschließen oder so weit wie möglich zu verringern. Dabei ist folgende Rangfolge zu berücksichtigen:

1. Die Lärmemission muss am Entstehungsort verhindert oder so weit wie möglich verringert werden. Technische Maßnahmen haben Vorrang vor organisatorischen Maßnahmen.

2. Die Maßnahmen nach Nummer 1 haben Vorrang vor der Verwendung von Gehörschutz nach § 8.

(2) Zu den Maßnahmen nach Absatz 1 gehören insbesondere:

1. alternative Arbeitsverfahren, welche die Exposition der Beschäftigten durch Lärm verringern,

2. Auswahl und Einsatz neuer oder bereits vorhandener Arbeitsmittel unter dem vorrangigen Gesichtspunkt der Lärmminderung,

3. die lärmmindernde Gestaltung und Einrichtung der Arbeitsstätten und Arbeitsplätze,

4. technische Maßnahmen zur Luftschallminderung, beispielsweise durch Abschirmungen oder Kapselungen, und zur Körperschallminderung, beispielsweise durch Körperschalldämpfung oder -dämmung oder durch Körperschallisolierung,

5. Wartungsprogramme für Arbeitsmittel, Arbeitsplätze und Anlagen,

6. arbeitsorganisatorische Maßnahmen zur Lärmminderung durch Begrenzung von Dauer und Ausmaß der Exposition und Arbeitszeitpläne mit ausreichenden Zeiten ohne belastende Exposition.

(3) In Ruheräumen ist unter Berücksichtigung ihres Zweckes und ihrer Nutzungsbedingungen die Lärmexposition so weit wie möglich zu verringern.

(4) Der Arbeitgeber hat Arbeitsbereiche, in denen einer der oberen Auslösewerte für Lärm ($L_{EX, 8h}$, $L_{pC, peak}$) erreicht oder überschritten wird, als Lärmbereich zu kennzeichnen und, falls technisch möglich, abzugrenzen. In diesen Bereichen dürfen Beschäftigte nur tätig werden, wenn das Arbeitsverfahren dies erfordert; Absatz 1 bleibt unberührt.

(5) Wird einer der oberen Auslösewerte überschritten, hat der Arbeitgeber ein Programm mit technischen und organisatorischen Maßnahmen zur Verringerung der Lärmexposition auszuarbeiten und durchzuführen. Dabei sind insbesondere die Absätze 1 und 2 zu berücksichtigen.

§ 8 Gehörschutz

(1) Werden die unteren Auslösewerte nach § 6 Satz 1 Nr. 2 trotz Durchführung der Maßnahmen nach § 7 Abs. 1 nicht eingehalten, hat der Arbeitgeber den Beschäftigten einen geeigneten persönlichen Gehörschutz zur Verfügung zu stellen, der den Anforderungen nach Absatz 2 genügt.

(2) Der persönliche Gehörschutz ist vom Arbeitgeber so auszuwählen, dass durch seine Anwendung die Gefährdung des Gehörs beseitigt oder auf ein Minimum verringert wird. Dabei muss unter Einbeziehung der dämmenden Wirkung des Gehörschutzes sichergestellt werden, dass der auf das Gehör des Beschäftigten einwirkende Lärm die maximal zulässigen Expositionswerte $L_{EX, 8h}$ = 85 dB(A) beziehungsweise $L_{pC, peak}$ = 137 dB(C) nicht überschreitet.

(3) Erreicht oder überschreitet die Lärmexposition am Arbeitsplatz einen der oberen Auslösewerte nach § 6 Satz 1 Nr. 1, hat der Arbeitgeber dafür Sorge zu tragen, dass die Beschäftigten den persönlichen Gehörschutz bestimmungsgemäß verwenden.

(4) Der Zustand des ausgewählten persönlichen Gehörschutzes ist in regelmäßigen Abständen zu überprüfen. Stellt der Arbeitgeber dabei fest, dass die Anforderungen des Absatzes 2 Satz 2 nicht eingehalten werden, hat er unverzüglich die Gründe für diese Nichteinhaltung zu ermitteln und Maßnahmen zu ergreifen, die für eine dauerhafte Einhaltung der Anforderungen erforderlich sind.

Abschnitt 4
Expositionsgrenzwerte und Auslösewerte sowie Schutzmaßnahmen bei Vibrationen

§ 9 Expositionsgrenzwerte und Auslösewerte für Vibrationen

(1) Für Hand-Arm-Vibrationen beträgt

1. der Expositionsgrenzwert A(8) = 5 m/s² und

2. der Auslösewert A(8) = 2,5 m/s².

Die Exposition der Beschäftigten gegenüber Hand-Arm-Vibrationen wird nach Nummer 1 des Anhangs ermittelt und bewertet.

(2) Für Ganzkörper-Vibrationen beträgt

1. der Expositionsgrenzwert A(8) = 1,15 m/s² in X- und Y-Richtung und A(8) = 0,8 m/s² in Z-Richtung und

2. der Auslösewert A(8) = 0,5 m/s².

Die Exposition der Beschäftigten gegenüber Ganzkörper-Vibrationen wird nach Nummer 2 des Anhangs ermittelt und bewertet.

§ 10 Maßnahmen zur Vermeidung und Verringerung der Exposition durch Vibrationen

(1) Der Arbeitgeber hat die in § 3 Abs. 1 Satz 6 festgelegten Schutzmaßnahmen nach dem Stand der Technik durchzuführen, um die Gefährdung der Beschäftigten auszuschließen oder so weit wie möglich zu verringern. Dabei müssen Vibrationen am Entstehungsort verhindert oder so weit wie möglich verringert werden. Technische Maßnahmen zur Minderung von Vibrationen haben Vorrang vor organisatorischen Maßnahmen.

(2) Zu den Maßnahmen nach Absatz 1 gehören insbesondere

1. alternative Arbeitsverfahren, welche die Exposition gegenüber Vibrationen verringern,

2. Auswahl und Einsatz neuer oder bereits vorhandener Arbeitsmittel, die nach ergonomischen Gesichtspunkten ausgelegt sind und unter Berücksichtigung der auszuführenden Tätigkeit möglichst geringe Vibrationen verursachen, beispielsweise schwingungsgedämpfte handgehaltene oder handgeführte Arbeitsmaschinen, welche die auf den Hand-Arm-Bereich übertragene Vibration verringern,

3. die Bereitstellung von Zusatzausrüstungen, welche die Gesundheitsgefährdung auf Grund von Vibrationen verringern, beispielsweise Sitze, die Ganzkörper-Vibrationen wirkungsvoll dämpfen,

4. Wartungsprogramme für Arbeitsmittel, Arbeitsplätze und Anlagen sowie Fahrbahnen,

5. die Gestaltung und Einrichtung der Arbeitsstätten und Arbeitsplätze,

6. die Schulung der Beschäftigten im bestimmungsgemäßen Einsatz und in der sicheren und vibrationsarmen Bedienung von Arbeitsmitteln,

7. die Begrenzung der Dauer und Intensität der Exposition,

8. Arbeitszeitpläne mit ausreichenden Zeiten ohne belastende Exposition und

9. die Bereitstellung von Kleidung für gefährdete Beschäftigte zum Schutz vor Kälte und Nässe.

(3) Der Arbeitgeber hat, insbesondere durch die Maßnahmen nach Absatz 1, dafür Sorge zu tragen, dass bei der Exposition der Beschäftigten die Expositionsgrenzwerte nach § 9 Abs. 1 Satz 1 Nr. 1 und § 9 Abs. 2 Satz 1 Nr. 1 nicht überschritten werden. Werden die Expositionsgrenzwerte trotz der durchgeführten Maßnahmen überschritten, hat der Arbeitgeber unverzüglich die Gründe zu ermitteln und weitere Maßnahmen zu ergreifen, um die Exposition auf einen Wert unterhalb der Expositionsgrenzwerte zu senken und ein erneutes Überschreiten der Grenzwerte zu verhindern.

(4) Werden die Auslösewerte nach § 9 Abs. 1 Satz 1 Nr. 2 oder § 9 Abs. 2 Satz 1 Nr. 2 überschritten, hat der Arbeitgeber ein Programm mit technischen und organisatorischen Maßnahmen zur Verringerung der Exposition durch Vibrationen auszuarbeiten und durchzuführen. Dabei sind insbesondere die in Absatz 2 genannten Maßnahmen zu berücksichtigen.

Abschnitt 5
Unterweisung der Beschäftigten, Beratender Ausschuss, arbeitsmedizinische Vorsorge

§ 11 Unterweisung der Beschäftigten

(1) Können bei Exposition durch Lärm die unteren Auslösewerte nach § 6 Satz 1 Nr. 2 oder bei Exposition durch Vibrationen die Auslösewerte nach § 9 Abs. 1 Satz 1 Nr. 2 oder § 9 Abs. 2 Satz 1 Nr. 2 erreicht oder überschritten werden, stellt der Arbeitgeber sicher, dass die betroffenen Beschäftigten eine Unterweisung erhalten, die auf den Ergebnissen der Gefährdungsbeurteilung beruht und die Aufschluss über die mit der Exposition verbundenen Gesundheitsgefährdungen gibt. Sie muss vor Aufnahme der Beschäftigung und

danach in regelmäßigen Abständen, jedoch immer bei wesentlichen Änderungen der belastenden Tätigkeit, erfolgen.

(2) Der Arbeitgeber stellt sicher, dass die Unterweisung nach Absatz 1 in einer für die Beschäftigten verständlichen Form und Sprache erfolgt und mindestens folgende Informationen enthält:

1. die Art der Gefährdung,

2. die durchgeführten Maßnahmen zur Beseitigung oder zur Minimierung der Gefährdung unter Berücksichtigung der Arbeitsplatzbedingungen,

3. die Expositionsgrenzwerte und Auslösewerte,

4. die Ergebnisse der Ermittlungen zur Exposition zusammen mit einer Erläuterung ihrer Bedeutung und der Bewertung der damit verbundenen möglichen Gefährdungen und gesundheitlichen Folgen,

5. die sachgerechte Verwendung der persönlichen Schutzausrüstung,

6. die Voraussetzungen, unter denen die Beschäftigten Anspruch auf arbeitsmedizinische Vorsorge haben, und deren Zweck,

7. die ordnungsgemäße Handhabung der Arbeitsmittel und sichere Arbeitsverfahren zur Minimierung der Expositionen,

8. Hinweise zur Erkennung und Meldung möglicher Gesundheitsschäden.

(3) Um frühzeitig Gesundheitsstörungen durch Lärm oder Vibrationen erkennen zu können, hat der Arbeitgeber sicherzustellen, dass ab dem Überschreiten der unteren Auslösewerte für Lärm und dem Überschreiten der Auslösewerte für Vibrationen die betroffenen Beschäftigten eine allgemeine arbeitsmedizinische Beratung erhalten. Die Beratung ist unter Beteiligung des in § 13 Abs. 4 genannten Arztes durchzuführen, falls dies aus arbeitsmedizinischen Gründen erforderlich sein sollte. Die arbeitsmedizinische Beratung kann im Rahmen der Unterweisung nach Absatz 1 erfolgen.

§ 12 Beratung durch den Ausschuss für Betriebssicherheit

Der Ausschuss nach § 24 der Betriebssicherheitsverordnung berät das Bundesministerium für Arbeit und Soziales auch in Fragen der Sicherheit und des Gesundheitsschutzes bei lärm- oder vibrationsbezogenen Gefährdungen. § 24 Abs. 4 und 5 der Betriebssicherheitsverordnung gilt entsprechend.

§ 13 Arbeitsmedizinische Vorsorge

(1) Im Rahmen der nach § 3 des Arbeitsschutzgesetzes zu treffenden Maßnahmen hat der Arbeitgeber für eine angemessene arbeitsmedizinische Vorsorge zu sorgen. Sie umfasst die zur Verhütung arbeitsbedingter Gesundheitsgefahren erforderlichen arbeitsmedizinischen Maßnahmen. Bei Tätigkeiten mit Exposition durch Lärm oder Vibrationen gehören dazu insbesondere

1. die arbeitsmedizinische Beurteilung lärm- oder vibrationsbedingter Gesundheitsgefährdungen einschließlich der Empfehlung geeigneter Schutzmaßnahmen,

2. die Aufklärung und Beratung der Beschäftigten über die mit der Tätigkeit verbundenen Gesundheitsgefährdungen einschließlich solcher, die sich aus vorhandenen gesundheitlichen Beeinträchtigungen ergeben können,

3. spezielle arbeitsmedizinische Vorsorgeuntersuchungen zur Früherkennung von Gesundheitsstörungen und Berufskrankheiten,

4. arbeitsmedizinisch begründete Empfehlungen zur Überprüfung von Arbeitsplätzen und zur Wiederholung der Gefährdungsbeurteilung,

5. die Fortentwicklung des betrieblichen Gesundheitsschutzes bei Tätigkeiten mit Exposition durch Lärm oder Vibrationen auf der Grundlage gewonnener Erkenntnisse.

(2) Spezielle arbeitsmedizinische Vorsorgeuntersuchungen werden vom Arbeitgeber veranlasst oder angeboten. Sie erfolgen als

1. Erstuntersuchungen vor Aufnahme einer gefährdenden Tätigkeit,

2. Nachuntersuchungen in regelmäßigen Abständen während dieser Tätigkeit,

3. Nachuntersuchungen bei Beendigung dieser Tätigkeit und

4. Untersuchungen aus besonderem Anlass nach § 14 Abs. 4.

(3) Die Vorsorgeuntersuchungen umfassen in der Regel

1. die Begehung oder die Kenntnis des Arbeitsplatzes durch den Arzt,

2. die arbeitsmedizinische Befragung und Untersuchung des Beschäftigten,

3. die Beurteilung des Gesundheitszustands der Beschäftigten unter Berücksichtigung der Arbeitsplatzverhältnisse,

4. die individuelle arbeitsmedizinische Beratung und

5. die Dokumentation der Untersuchungsergebnisse.

(4) Der Arbeitgeber hat die Durchführung der arbeitsmedizinischen Vorsorgeuntersuchungen durch Beauftragung eines Arztes sicherzustellen. Es dürfen nur Ärzte beauftragt werden, die Fachärzte für Arbeitsmedizin sind oder die Zusatzbezeichnung Betriebsmedizin führen. Der beauftragte Arzt hat für arbeitsmedizinische Vorsorgeuntersuchungen, die besondere Fachkenntnisse oder eine spezielle Ausrüstung erfordern, Ärzte hinzuzuziehen, die diese Anforderungen erfüllen. Ist ein Betriebsarzt nach § 2 des Arbeitssicherheitsgesetzes bestellt, soll der Arbeitgeber vorrangig diesen auch mit den speziellen Vorsorgeuntersuchungen beauftragen. Dem Arzt sind alle erforderlichen Auskünfte über die Arbeitsplatzverhältnisse, insbesondere über die Ergebnisse der Gefährdungsbeurteilung, zu erteilen und die Begehung der Arbeitsplätze zu ermöglichen. Ihm ist auf Verlangen Einsicht in die Vorsorgekartei nach Absatz 6 zu gewähren.

(5) Bei arbeitsmedizinischen Vorsorgeuntersuchungen ist

1. der Untersuchungsbefund schriftlich festzuhalten,

2. der Beschäftigte über den Untersuchungsbefund zu unterrichten,

3. dem Beschäftigten eine Bescheinigung darüber auszustellen, ob und inwieweit gegen die Ausübung der Tätigkeit gesundheitliche Bedenken bestehen, und

4. dem Arbeitgeber nur im Falle einer Untersuchung nach § 14 Abs. 1 eine Kopie der Bescheinigung des Untersuchungsergebnisses nach Nummer 3 auszuhändigen.

(6) Für Beschäftigte, die nach § 14 Abs. 1 ärztlich untersucht worden sind, ist vom Arbeitgeber eine Vorsorgekartei zu führen. Die Vorsorgekartei muss insbesondere die in § 3 Abs. 1 und § 4 Abs. 1 genannten Angaben zur Exposition sowie das Ergebnis der arbeitsmedizinischen Vorsorgeuntersuchung enthalten. Die Kartei ist in angemessener Weise so zu führen, dass sie zu einem späteren Zeitpunkt ausgewertet werden kann. Die betroffenen Beschäftigten oder von ihnen bevollmächtigte Personen sind berechtigt, die sie betreffenden Angaben einzusehen.

(7) Der Arbeitgeber hat die Vorsorgekartei für jeden Beschäftigten bis zur Beendigung des Arbeits- oder Beschäftigungsverhältnisses aufzubewahren. Danach ist dem Beschäftigten der ihn betreffende Auszug aus der Kartei auszuhändigen. Der Arbeitgeber hat eine Kopie des dem Beschäftigten ausgehändigten Auszugs wie Personalunterlagen aufzubewahren.

§ 14 Veranlassung und Angebot arbeitsmedizinischer Vorsorge-untersuchungen

(1) Die in § 13 Abs. 2 Satz 2 Nr. 1 bis 3 genannten arbeitsmedizinischen Vorsorgeuntersuchungen sind vom Arbeitgeber regelmäßig zu veranlassen, wenn

1. bei Lärmexposition die oberen Auslösewerte nach § 6 Satz 1 Nr. 1 erreicht oder überschritten werden oder

2. bei Exposition durch Vibrationen die Expositionsgrenzwerte nach § 9 Abs. 1 Satz 1 Nr. 1 oder § 9 Abs. 2 Satz 1 Nr. 1 für Hand-Arm- oder Ganzkörper-Vibrationen erreicht oder überschritten werden.

(2) Die Durchführung der Untersuchung nach § 13 Abs. 2 Satz 2 Nr. 1 und 2 ist Voraussetzung für die Ausübung der entsprechenden Tätigkeit nach Absatz 1.

(3) Der Arbeitgeber hat den Beschäftigten die in § 13 Abs. 2 Satz 2 Nr. 1 und 2 genannten arbeitsmedizinischen Vorsorgeuntersuchungen anzubieten, wenn

1. bei Lärmexposition die unteren Auslösewerte nach § 6 Satz 1 Nr. 2 überschritten werden oder

2. bei Exposition durch Vibrationen die Auslösewerte nach § 9 Abs. 1 Satz 1 Nr. 2 oder § 9 Abs. 2 Satz 1 Nr. 2 überschritten werden.

(4) Haben sich Beschäftigte Erkrankungen oder Gesundheitsschäden zugezogen, die auf eine Exposition durch Lärm oder Vibrationen zurückzuführen sein können, hat ihnen der Arbeitgeber unverzüglich arbeitsmedizinische Untersuchungen nach § 13 Abs. 2 Satz 2 Nr. 4 anzubieten. Dies gilt auch für Beschäftigte mit vergleichbaren Tätigkeiten, wenn Anhaltspunkte dafür bestehen, dass sie ebenfalls gefährdet sein können.

(5) Ist dem Arbeitgeber bekannt, dass bei einem Beschäftigten auf Grund der Arbeitsplatzbedingungen gesundheitliche Bedenken gegen die weitere Ausübung der Tätigkeit bestehen, hat er unverzüglich zusätzliche Schutzmaßnahmen zu treffen. Hierzu zählt auch die Möglichkeit, dem Beschäftigten eine andere Tätigkeit zuzuweisen, bei der keine Gefährdung durch eine weitere Exposition besteht. Er hat dies dem Betriebs- oder Personalrat mitzuteilen und die Gefährdungsbeurteilung zu wiederholen. Halten im Falle des § 13 Abs. 5 Nr. 4 die untersuchte Person oder der Arbeitgeber das Untersuchungsergebnis für unzutreffend, entscheidet auf Antrag die zuständige Behörde.

Abschnitt 6
Ausnahmen, Straftaten und Ordnungswidrigkeiten, Übergangsvorschriften

§ 15   Ausnahmen

(1) Die zuständige Behörde kann auf schriftlichen Antrag des Arbeitgebers Ausnahmen von den Vorschriften der §§ 5 bis 11, 13 und 14 erteilen, wenn die Durchführung der Vorschrift im Einzelfall zu einer unverhältnismäßigen Härte führen würde und die Abweichung mit dem Schutz der Beschäftigten vereinbar ist. Diese Ausnahmen können mit Nebenbestimmungen verbunden werden, die unter Berücksichtigung der besonderen Umstände gewährleisten, dass die sich daraus ergebenden Gefährdungen auf ein Minimum reduziert werden. Diese Ausnahmen sind spätestens nach vier Jahren zu überprüfen; sie sind aufzuheben, sobald die Umstände, die sie gerechtfertigt haben, nicht mehr gegeben sind. Der Antrag des Arbeitgebers muss Angaben enthalten zu

1. der Gefährdungsbeurteilung einschließlich deren Dokumentation,

2. Art, Ausmaß und Dauer der ermittelten Exposition,

3. den Messergebnissen,

4. dem Stand der Technik bezüglich der Tätigkeiten und der Arbeitsverfahren sowie den technischen, organisatorischen und persönlichen Schutzmaßnahmen,

5. Lösungsvorschlägen und einem Zeitplan, wie die Exposition der Beschäftigten reduziert werden kann, um die Expositions- und Auslösewerte einzuhalten, und

6. der arbeitsmedizinischen Vorsorge und Beratung der Beschäftigten für den Zeitraum der erhöhten Exposition.

Die Ausnahme nach Satz 1 kann auch im Zusammenhang mit Verwaltungsverfahren nach anderen Rechtsvorschriften beantragt werden.

(2) In besonderen Fällen kann die zuständige Behörde auf Antrag des Arbeitgebers zulassen, dass für Tätigkeiten, bei denen die Lärmexposition von einem Arbeitstag zum anderen erheblich schwankt, für die Anwendung der Auslösewerte zur Bewertung der Lärmpegel, denen die Beschäftigten ausgesetzt sind, anstatt des Tages-Lärmexpositionspegels der Wochen-Lärmexpositionspegel verwendet wird, sofern

1. der Wochen-Lärmexpositionspegel den Expositionswert $L_{EX,\,40h}$ = 85 dB(A) nicht überschreitet und dies durch eine geeignete Messung nachgewiesen wird und

2. geeignete Maßnahmen getroffen werden, um die mit diesen Tätigkeiten verbundenen Gefährdungen auf ein Minimum zu verringern.

§ 16 Straftaten und Ordnungswidrigkeiten

(1) Ordnungswidrig im Sinne des § 25 Abs. 1 Nr. 1 des Arbeitsschutzgesetzes handelt, wer vorsätzlich oder fahrlässig

1. entgegen § 3 Abs. 1 Satz 2 die auftretende Exposition nicht in dem in Absatz 2 genannten Umfang ermittelt und bewertet,

2. entgegen § 3 Abs. 4 Satz 1 eine Gefährdungsbeurteilung nicht dokumentiert oder in der Dokumentation entgegen § 3 Abs. 4 Satz 2 die dort genannten Angaben nicht macht,

3. entgegen § 4 Abs. 1 Satz 1 in Verbindung mit Satz 2 nicht sicherstellt, dass Messungen nach dem Stand der Technik durchgeführt werden, oder entgegen § 4 Abs. 1 Satz 4 die Messergebnisse nicht speichert,

4. entgegen § 5 Satz 1 nicht sicherstellt, dass die Gefährdungsbeurteilung von fachkundigen Personen durchgeführt wird, oder entgegen § 5 Satz 4 nicht die dort genannten Personen mit der Durchführung der Messungen beauftragt,

5. entgegen § 7 Abs. 4 Satz 1 Arbeitsbereiche nicht kennzeichnet oder abgrenzt,

6. entgegen § 7 Abs. 5 Satz 1 ein Programm mit technischen und organisatorischen Maßnahmen zur Verringerung der Lärmexposition nicht durchführt,

7. entgegen § 8 Abs. 1 in Verbindung mit Abs. 2 den dort genannten Gehörschutz nicht zur Verfügung stellt,

8. entgegen § 8 Abs. 3 nicht dafür Sorge trägt, dass die Beschäftigten den dort genannten Gehörschutz bestimmungsgemäß verwenden,

9. entgegen § 10 Abs. 3 Satz 1 nicht dafür sorgt, dass die in § 9 Abs. 1 Satz 1 Nr. 1 oder § 9 Abs. 2 Satz 1 Nr. 1 genannten Expositionsgrenzwerte nicht überschritten werden,

10. entgegen § 10 Abs. 4 Satz 1 ein Programm mit technischen und organisatorischen Maßnahmen zur Verringerung der Exposition durch Vibrationen nicht durchführt,

11. entgegen § 11 Abs. 1 nicht sicherstellt, dass die Beschäftigten eine Unterweisung erhalten, die auf den Ergebnissen der Gefährdungsbeurteilung beruht und die in § 11 Abs. 2 genannten Informationen enthält,

12. entgegen § 13 Abs. 6 Satz 1 die Vorsorgekartei nicht oder entgegen § 13 Abs. 6 Satz 2 ohne die dort genannten Angaben oder entgegen § 13 Abs. 6 Satz 3 nicht in der dort angegebenen Weise führt,

13. entgegen § 14 Abs. 2 entsprechende Tätigkeiten nach § 14 Abs. 1 ohne durchgeführte arbeitsmedizinische Vorsorgeuntersuchungen nach § 13 Abs. 2 Satz 2 Nr. 1 und 2 ausüben lässt.

(2) Wer durch eine in Absatz 1 bezeichnete vorsätzliche Handlung das Leben oder die Gesundheit eines Beschäftigten gefährdet, ist nach § 26 Nr. 2 des Arbeitsschutzgesetzes strafbar.

§ 17 Übergangsvorschriften

(1) Für den Bereich des Musik- und Unterhaltungssektors ist diese Verordnung erst ab dem 15. Februar 2008 anzuwenden.

(2) Für Wehrmaterial der Bundeswehr, das vor dem 1. Juli 2007 erstmals in Betrieb genommen wurde, gilt bis zum 1. Juli 2011 abweichend von § 9 Abs. 2 Nr. 1 für Ganzkörper-Vibrationen in Z-Richtung ein Expositionsgrenzwert von A(8) = 1,15 m/s^2.

(3) Abweichend von § 9 Abs. 2 Nr. 1 darf bis zum 31. Dezember 2011 bei Tätigkeiten mit Baumaschinen und Baugeräten, die vor dem Jahr 1997 hergestellt worden sind und bei deren Verwendung trotz Durchführung aller in Betracht kommenden Maßnahmen nach dieser Verordnung die Einhaltung des Expositionsgrenzwertes für Ganzkörper-Vibrationen nach § 9 Abs. 2 Nr. 1 nicht möglich ist, an höchstens 30 Tagen im Jahr der Expositionsgrenzwert für Ganzkörper-Vibrationen in Z-Richtung von A(8) = 0,8 m/s^2 bis höchstens 1,15 m/s^2 überschritten werden.

Anhang Vibrationen

1. Hand-Arm-Vibrationen

1.1 Ermittlung und Bewertung der Exposition

Die Bewertung des Ausmaßes der Exposition gegenüber Hand-Arm-Vibrationen erfolgt nach dem Stand der Technik anhand der Berechnung des auf einen Bezugszeitraum von acht Stunden normierten Tagesexpositionswertes A(8); dieser wird ausgedrückt als die Quadratwurzel aus der Summe der Quadrate (Gesamtwert) der Effektivwerte der frequenzbewerteten Beschleunigung in den drei orthogonalen Richtungen a_{hwx}, a_{hwy}, a_{hwz}.

Die Bewertung des Ausmaßes der Exposition kann mittels einer Schätzung anhand der Herstellerangaben zum Ausmaß der von den verwendeten Arbeitsmitteln verursachten Vibrationen und mittels

Beobachtung der spezifischen Arbeitsweisen oder durch Messung vorgenommen werden.

1.2 Messung

Im Falle von Messungen gemäß § 4 Abs. 2

a) können Stichprobenverfahren verwendet werden, wenn sie für die fraglichen Vibrationen, denen der einzelne Beschäftigte ausgesetzt ist, repräsentativ sind; die eingesetzten Verfahren und Vorrichtungen müssen hierbei den besonderen Merkmalen der zu messenden Vibrationen, den Umweltfaktoren und den technischen Merkmalen des Messgeräts angepasst sein;

b) an Geräten, die beidhändig gehalten oder geführt werden müssen, sind die Messungen an jeder Hand vorzunehmen. Die Exposition wird unter Bezug auf den höheren der beiden Werte ermittelt; der Wert für die andere Hand wird ebenfalls angegeben.

1.3 Interferenzen

§ 3 Abs. 3 Satz 2 ist insbesondere dann zu berücksichtigen, wenn sich Vibrationen auf das korrekte Handhaben von Bedienungselementen oder das Ablesen von Anzeigen störend auswirken.

1.4 Indirekte Gefährdung

§ 3 Abs. 3 Satz 2 ist insbesondere dann zu berücksichtigen, wenn sich Vibrationen auf die Stabilität der Strukturen oder die Festigkeit von Verbindungen nachteilig auswirken.

1.5 Persönliche Schutzausrüstungen

Persönliche Schutzausrüstungen gegen Hand-Arm-Vibrationen können Teil des Maßnahmenprogramms gemäß § 10 Abs. 4 sein.

2. Ganzkörper-Vibrationen

2.1 Bewertung der Exposition

Die Bewertung des Ausmaßes der Exposition gegenüber Ganzkörper-Vibrationen erfolgt nach dem Stand der Technik anhand der Berechnung der Tagesexposition A(8); diese wird ausgedrückt als die äquivalente Dauerbeschleunigung für einen Zeitraum von acht Stunden, berechnet als der höchste Wert der Effektivwerte der frequenzbewerteten Beschleunigungen in den drei orthogonalen Richtungen ($1,4\ a_{wx}$, $1,4\ a_{wy}$, a_{wz}) für einen sitzenden oder stehenden Beschäftigten.

Die Bewertung des Ausmaßes der Exposition kann mittels einer Schätzung anhand der Herstellerangaben zum Ausmaß der von den verwendeten Arbeitsmitteln verursachten Vibrationen und mittels Beobachtung der spezifischen Arbeitsweisen oder durch Messung vorgenommen werden.

2.2 Messung

Im Falle von Messungen gemäß § 4 Abs. 2 können Stichprobenverfahren verwendet werden, wenn sie für die betreffenden Vibrationen, denen der einzelne Beschäftigte ausgesetzt ist, repräsentativ sind. Die eingesetzten Verfahren müssen den besonderen Merkmalen der zu messenden Vibrationen, den Umweltfaktoren und den technischen Merkmalen des Messgeräts angepasst sein.

2.3 Interferenzen

§ 3 Abs. 3 Satz 2 ist insbesondere dann zu berücksichtigen, wenn sich Vibrationen auf das korrekte Handhaben von Bedienungselementen oder das Ablesen von Anzeigen störend auswirken.

2.4 Indirekte Gefährdungen

§ 3 Abs. 3 Satz 2 ist insbesondere dann zu berücksichtigen, wenn sich Vibrationen auf die Stabilität der Strukturen oder die Festigkeit von Verbindungen nachteilig auswirken.

2.5 Ausdehnungen der Exposition

Wenn die Ausdehnung der beruflichen Exposition über eine Achtstundenschicht hinaus dazu führt, dass Beschäftigte vom Arbeitgeber überwachte Ruheräume benutzen, müssen in diesen die Ganzkörper-Vibrationen auf ein mit dem Zweck und den Nutzungsbedingungen der Räume zu vereinbarendes Niveau gesenkt werden. Fälle höherer Gewalt sind ausgenommen.

Gehörgefährdung des Publikums bei Veranstaltungen

Sehr geehrte Kundin, sehr geehrter Kunde,

dieses Buch können Sie auch als E-Book im PDF-Format beziehen.

Ein Vorteil dieser Variante: Die integrierte Volltextsuche. Damit finden Sie in Sekundenschnelle die für Sie wichtigen Textpassagen.

Um Ihr persönliches E-Book zu erhalten, folgen Sie einfach den Hinweisen auf dieser Internet-Seite:

www.beuth.de/e-book

Ihr persönlicher, nur einmal verwendbarer E-Book-Code lautet:

167226422K6F199

Vielen Dank für Ihr Interesse!

Ihr Beuth Verlag

Hinweis: Der E-Book-Code wurde individuell für Sie als Erwerber des Buches erzeugt und darf nicht an Dritte weiter gegeben werden.